谨以此书献给建所十周年的快乐时光。

◎历史文化城镇丛书

张家口市域历史建筑
普查与保护策略研究

田建军　单彦名　赵亮　黎洋佟　等编著

中国建筑工业出版社

图书在版编目（CIP）数据

张家口市域历史建筑普查与保护策略研究／田建军等编著.
北京：中国建筑工业出版社，2019.4
（历史文化城镇丛书）
 ISBN 978-7-112-23472-1

Ⅰ.①张… Ⅱ.①田… Ⅲ.①古建筑－保护－研究－张家口
Ⅳ.①TU-87

中国版本图书馆CIP数据核字（2019）第050476号

　　本书在对张家口市域6区10县2个管理区（察北、塞北）境内的历史建筑的全面调查的基础上，系统分析了张家口历史建筑的保存和保护情况，建立张家口历史建筑的价值评估体系，筛选、认定、分级评价和推荐优秀的历史建筑。张家口市域各类文化资源空间分布特征，提出历史建筑保护规划、保护技术、活化利用的重点和难点，最终形成分级保护管理框架、分类型发展利用策略和可操作的实施工作方案。

　　本书可为城乡规划、城市设计、建筑设计、环境艺术设计及其他相关规划设计和研究领域的设计者、管理者提供参考。

责任编辑：杨　晓　唐　旭
责任校对：王　烨

历史文化城镇丛书
张家口市域历史建筑普查与保护策略研究
田建军　单彦名　赵亮　黎洋佟　等编著
*
中国建筑工业出版社出版、发行（北京海淀三里河路9号）
各地新华书店、建筑书店经销
北京锋尚制版有限公司制版
北京中科印刷有限公司印刷
*
开本：787×1092毫米　1/16　印张：8½　字数：165千字
2019年6月第一版　2019年6月第一次印刷
定价：**98.00**元
ISBN 978－7－112－23472－1
　　（33777）

编写单位

张家口市城乡规划局

中国建筑设计研究院有限公司城镇规划院历史文化保护规划研究所

统筹指导

田建军　范　明　毛凤进　郭　鑫

顾问团队

赵　辉　李　宏　范霄鹏　武凤文　荣玥芳

冯新刚　王　玉　朱冀宇　徐　冰　李　婧

编写人员

单彦名　赵　亮　黎洋佟　韩　沛　黄　旭

王　浩　袁静琪　李志新　马慧佳　田　靓

高朝暄　李嘉漪　何子怡　宋文杰　俞　涛

张高攀　李　潼　李　浩　秦诗雨　焦潇萌

崔晨阳　杨秋惠　赵泽源　张　旭　闫　蕊

见若男　田家兴　王汉威　高　雅　郝　静

刘　闯　许佳慧　王　帅　陈志萍　王　颖

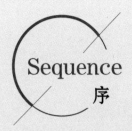

Sequence
序

进入21世纪的中国，经济发展已由高速增长转向高质量发展，在这一前提下，历史文化资源的保护和合理利用、城市地域特色的延续以及保护与民生改善有机结合是新时期城市建设的责任。

党的十九大报告提出了"推动中华优秀传统文化创造性转化、创新性发展"和"加强文物保护利用和文化遗产保护传承"的要求。历史建筑是历史文化遗产保护体系中重要的组成部分，各地在保护和利用中积累了一定的经验，使得许多历史建筑在保护和利用中重新焕发了生机和魅力。令人遗憾的是，一些历史建筑在城市建设中逐渐消失。2016年，住房和城乡建设部办公厅印发了《历史文化街区划定和历史建筑确定工作方案》，2017年，住房和城乡建设部印发了《关于加强历史建筑保护与利用的通知》和《关于将北京等10个城市列为第一批历史建筑保护利用试点城市的通知》等相关文件，要求各地完成历史文化街区划定和历史建筑确定工作，加强历史建筑保护利用，严禁随意拆除和破坏已确定为历史建筑的老房子、近现代建筑和工业遗产，不拆真遗存，不建假古董。因此，如何认识承载中华民族历史和文化记忆的历史建筑、保护传承历史建筑的多元价值和合理利用历史建筑，将成为城市历史文化遗产保护和发展建设面临的重要任务。

《张家口市域历史建筑普查与保护策略研究》通过对张家口地区历史建筑状况较全面的研究和分析，探索了将历史建筑的保护利用与改善人居环境和文化旅游以及艺术创意活动有机结合的思路，力争使历史建筑在保护的前提下成为适应现代生产和生活的空间载体，成为优秀中华地域文化的传播基地。希望本书能对张家口地区，乃至其他城市历史建筑的保护及合理利用工作起到一定的指导和借鉴作用。

中国城市规划学会历史文化名城规划学术委员会委员

中国城市科学研究会历史文化名城委员会副秘书长

Preface
前 言

历史建筑作为城市文化传承的重要载体，是展示城市文化气质的艺术瑰宝。一座城市中，可以有不同时代的建筑和平共处，相互依存，共同形成城市发展变迁的脉络，体现城市的价值特色。张家口市在城市建设发展进程中逐步认识到历史建筑资源的重要价值和意义，并积极推进其保护与发展利用工作。

本书对张家口市域历史建筑普查及保护发展的研究，旨在全面地梳理和挖掘市域历史及资源情况，研究地区历史沿革、历史资源对历史建筑的空间分布影响等，建立适合于张家口地区的历史建筑特色与价值评价指标体系，筛选、认定、分级评价和推荐优秀的历史建筑。正是基于对当下城市文化状态的全面认知与市域历史建筑的普查认定，分析张家口市域各类文化资源空间分布特征，提出历史建筑保护规划、保护技术、活化利用的重点和难点，最终形成分级保护管理框架、分类型发展利用策略和可操作的实施工作方案。这对张家口市历史建筑的系统保护与合理利用、地域文化价值的挖掘与弘扬具有重大的意义。

在本书的编制过程中，得到了多位专家和学者的悉心指正，尤其得到了张家口市地方相关部门，北京建筑大学、北京工业大学、北方工业大学参与师生以及中国建筑工业出版社编辑人员的大力支持，在此对他们的工作和对本书的帮助表示衷心的感谢。此外，由于地域文化多元交融、历史建筑价值内容庞杂，价值评价研究尚处于探索完善阶段，编者对其探讨难免有疏漏与不足之处，谨请指正。希望在历史建筑保护与发展研究领域与大家携手共进！

Contents
目　录

Chapter 1
第 1 章

研究背景

◀蔚县大德庄村康家大院

1.1

——

工作背景

2008年4月国务院颁布的《历史文化名城名镇名村保护条例》中首次明确了历史建筑的定义，即"指经城市、县人民政府确定公布的具有一定保护价值，能够反映历史风貌和地方特色，未公布为文物保护单位，也未登记为不可移动文物的建筑物、构筑物"（第四十七条）。由此，历史建筑作为历史文化名城名镇名村的重要组成部分受到了极大的重视，并与名城名镇名村一起开展保护工作。

2012年2月，河北省人民政府印发《河北省历史文化名城名镇名村保护工程实施方案》，制定了"历史文化名城名镇名村、传统建筑抢救保护工程"行动方案，历史建筑保护工作全面开启。2012年5月河北省建设厅出台《河北省历史建筑认定和修缮保护技术规定（试行）》（冀建规〔2012〕310号），明确历史建筑的保护及修缮技术，完善保护修缮体系。同年7月下发《河北省住房和城乡建设厅关于开展历史文化名城名镇名村内历史建筑普查工作的通知》（冀建规〔2012〕310号），要求各历史文化名城名镇名村在普查的基础上，确认公布一批历史建筑，建立保护档案。

2015年12月20日至21日，中央城市工作会议提出"统筹改革、科技、文化三大动力，提高城市发展持续性"要保护弘扬中华优秀传统文化，延续城市历史文脉，保护好前人留下的文化遗产。历史建筑保护工作得到了进一步加强。

2016年2月《中共中央国务院关于进一步加强城市规划建设管理工作的若干意见》中明确指出"加强文化遗产保护传承和合理利用，保护古遗址、古建筑、近现代历史建筑，更好地延续历史文脉，展现城市风貌。用5年左右时间，完成所有城市历史文化街区划定和历史建筑确定工作"。2016年8月住房和城乡建设部办公厅下发《关于印发〈历史文化街区划定和历史建筑确定工作方案〉的通知》，要求各省、自治区住房和城乡建设厅，直辖市规划委"核查所有设市城市和公布为历史文化名城的县中符合条件的历史文化街区和历史建筑基本情况和保护情况，公布历史文化街区和历史建筑名单"。

同年8月，河北省住房和城乡建设厅发布《关于开展历史文化街区划定和历史建筑确定工作的通知》，要求（住房和城乡建设）主管部门会同相关部门明确具体工作组织和行动计划，有效推进工作开展，按期完成历史文化街区划定和历史建筑确定工作。到2020年12月，分三个阶段完成全部工作。

截至2017年3月，河北省由省政府公布的历史文化街区共17个，拟划定的有4个。已确定和拟确定的历史建筑共374处。4月《住房城乡建设部办公厅关于进一步加强历史文化街区划定和历史建筑确定工作的通知》建办规函〔2016〕681号，强调全面完成历史文化街区划定和历史建筑普查工作，及时划定符合标准的历史文化街区、确定符合标准的历史建筑。12月《河北省历史建筑确定和保护技术规定（暂行）》发布，以有效指导各市历史建筑保护与发展工作。为继承和弘扬优秀历史文化，加强历史建筑保护，规范历史建筑修缮行为，张家口对全市域的历史建筑进行普查，并将普查后的历史建筑数据进行入库存档，为接下来对历史建筑的保护和修缮提供指引。

1.2 研究目的

张家口地区历史悠久，文化多元、脉络清晰，历史文化元素留存于建筑的痕迹亦较为丰富，但随着城市的发展、文化的变迁及意识观念的转变，各地区以及城乡之间对历史建筑的保护与发展利用现状存在较大差异，面临着逐渐消减的历史遗存，对其有效的保护与利用则尤为迫切。

通过对图像和文字记录等调研资料的整理归类，可以全面反映张家口市域历史建筑的保护和再利用的现状，反映张家口市域历史建筑保护的发展进程，有利于对张家口市域各类型历史建筑保护与发展利用工作存在的不足与问题提出相应的改善意见。

如何保留城市文脉，建设特色城市的同时促进发展，是当下诸多城市面临的难题。如何使历史建筑产生更大价值，并结合地域文化、经济价值和建筑空间形态，对建筑有效利用提出合理建议，并在区域层面促进历史建筑的整体保护和发展，是本次研究的直接目的。

1.3

工作过程

1.3.1　工作概况

2018年4～5月，开展项目前期研究工作。

2018年6～9月，对张家口市6个区、10个县、2个管理区（察北、塞北）和经开区及下辖的4174个村进行全面研究，开展全域历史建筑普查工作。

2018年7～9月，深入研究，进行历史建筑推荐及建档立卡工作，同时推进历史建筑分类分级保护、整体发展等研究工作，完成成果。

▲ 图1-1　工作照片

1.3.2　工作内容

1.　前期研究及历史资源梳理

梳理分析张家口历史及资源情况，研究各地区历史沿革、历史资源对传统建筑的空间分布影响，包括区域历史聚落形成及发展的历史要素分析，传统建筑文化分区及聚落形态分类等工作。

2.　历史建筑普查及建档立卡

在对张家口历史建筑进行全域范围普查的同时，建立张家口历史建筑特色及价值评价体系、历史建筑的筛选认定标准，对历史建筑现状分布与保存情况、综合价值及功能类型等进行分析，确定推荐历史建筑名单，并对推荐历史建筑进行建档立卡。

3.　历史建筑保护规划研究

在普查基础上，分析张家口市域各类文化资源空间分布特征，提出保护规划的重点和难点，确定保护发展定位，建立历史建筑总体保护框架、策略措施及工作方案，实现张家口市域内历史建筑的有效保护与发展。

4.　历史建筑认定

对拟认定的历史建筑进行认定材料的组织，推进认定工作的展开，完成张家口市第一批历史建筑的认定。

Chapter 2
第2章

城市形成与发展概况

◀尚义县勿乱沟村勿乱沟桥

张家口历史悠久，从春秋时为匈奴与东胡居住地开始便有人类历史记载，至明始筑张家口堡，在经历了军事需求、商贸振兴、文化交融等诸多城市发展阶段后，形成了目前相对稳定的城市格局，推动了城市文化、建筑风貌、景观等各个方面的发展。

2.1

城市概况

2.1.1 区域位置与区位条件

张家口市位于河北省西北部，是冀西北地区的中心城市，也是连接京津、沟通晋蒙的交通枢纽。张家口东临北京市和河北省承德地区，西与山西省雁北地区相连，南与河北省保定地区交界，西北部及北部与内蒙古自治区乌兰察布市、锡林郭勒盟接壤，总面积3.68万平方公里。张家口市以其重要的战略地位，自古以来为兵家所重视，既是捍卫京城的西北大门，又是首都通往内蒙古自治区和晋北的咽喉要道。

张家口地理位置优越，地处晋冀蒙经济圈和环渤海经济圈交叉

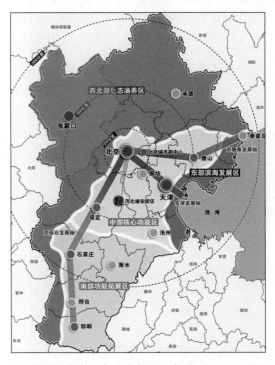

▲ 图2-1 张家口市区域位置示意图

处、环首都经济圈内，既能够辐射我国华北、东北、西北三大市场，又紧邻首都北京，承接东北亚国际市场，是京、晋、冀、蒙周边地区有依托性的物流圈和北方现代物流业供应链中重要的节点。张家口也是连接京津、沟通晋蒙、支持沿海、开发内陆的重要枢纽，区位优势十分明显。

2.1.2　地形地貌与气候特征

1.　地形地貌特征

张家口市地形西北高、东南低，以大马群山分水岭为界，分为北部坝上、南部坝下两个自然区域。坝上地区海拔1400~1600m，坝下地区海拔500~1200m，从河北省地貌区划来看，张家口地区地貌类型有坝上高原、间山盆地和山地区，间山盆地区相对平缓。

2.　气候特征

张家口市坝上地区为寒温区，坝下地区为凉温区。坝上寒温区，冬寒夏凉、冬季漫长、夏季短促、昼夜温差大，冬季严寒少雪、多寒潮天气，常有剧烈降温和风雪天气，平均气温2.6℃，昼夜温差13~15℃；坝下凉温区，地形复杂、山峦起伏，夏季炎热短促、降水集中，冬季寒潮而漫长，年平均气温8℃，昼夜温差10~12℃。

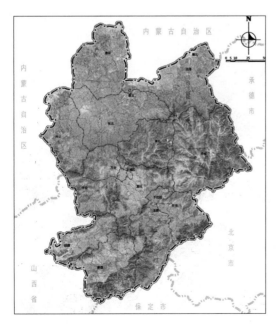

▲ 图2-2　张家口市地形地貌示意图

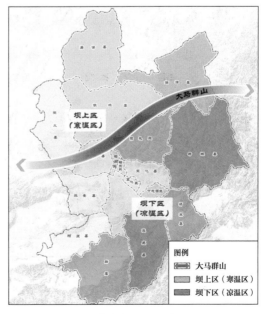

▲ 图2-3　张家口市气候分区示意图

2.1.3 历史沿革与文化特征

1. 历史沿革

春秋时北为匈奴与东胡居住地，南部分属燕国、代国。秦时南部改属代郡、上谷郡。汉时分属乌桓、匈奴、鲜卑。隋时东为涿郡，西属雁门郡。唐时多属河北道妫州、新州，少属河东道蔚州。北宋时为武州、蔚州、奉圣州、归化州、儒州、妫州地。南宋时皆属辽。元属中书省上都路宣德府，西北部置兴和路（治今张北）。明始筑张家口堡，相传因其北七里有东太平山与太平山，两山相距数百步，对峙如门；又因该城堡为指挥张文所筑，故名。明为延庆州、保安州、云州、蔚州及万全都指挥使司十二卫、所地。清时北属口北三厅（多伦诺尔厅、独石口厅、张家口厅），南属宣化府（治今宣化）。民国2年（1913年）属直隶省察哈尔特别区口北道。民国17年（1928年）设察哈尔省，张家口为省会。民国28年（1939年）初设立张家口特别市。1952年12月察哈尔省建制撤销，察南、察北两专区合并后称张家口专区，划归河北省，张家口市为河北省直辖，并为专区治所。1958年5月张家口市改属张家口专区。1959年5月撤销张家口专区，所辖各县划归张家口市。1961年5月复置张家口专区，张家口市及所属各县隶属之。1967年12月，张家口专区改称张家口地区，辖张家口市，县属不变。1983年11月，张家口市改为河北省直辖市。1993年7月1日，张家口地、市合并，称张家口市。

2. 文化特征

农耕文化与草原文化、燕赵文化与三晋文化、中华文化与外来文化融合是区域文化的主要特征。

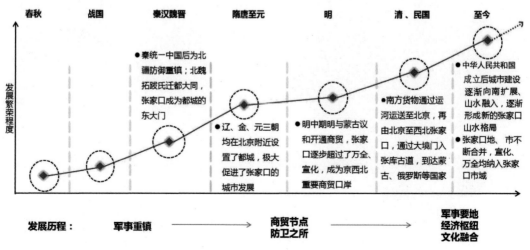

▲ 图2-4 张家口市历史沿革示意图

张家口地域文化脱胎于晋、冀、蒙的交界地带，衍生在高寒干燥的塞外赵北之地。从"千古文明开涿鹿"起始，历经几千年一系列的沧桑变迁，逐步成为燕赵文化中一个独特的分支，同时，也是中原文化与夷狄文化的融合。华夏炎黄部落集团、东夷九黎部落集团的大融合，形成了中华文明和中华文化。

张家口历史文化是中华文化与外来文化的融合。明朝隆庆年间，明朝与蒙古鞑靼部实现了"封贡互市"。到了清朝，张家口成为驰名中外的"旱码头"，"张库商道"的起点与货物集散地。在张家口至库伦商道最兴盛的时候，张家口上下堡共有英、俄、日等9个国家开办的44家商行及银行。

2.2

城市形成和发展分析

2.2.1 以山水防御为主的早期城市聚落形成

1. 建城之初衷：环卫燕都，扼守要道

张家口地处阴山、太行山、燕山三座山脉交会之处，在周时期分封代国。春秋战国时北为匈奴，东属燕国，西属赵国。一直为北方游牧民族与南方地区征战边缘地带。在历史上的城市建设中，无论在空间选址上还是城市空间营造上，都与山体有着密切的关系，可以说张家口是"因山而立、因山而兴、因山而束、因山而特"。纵观张家口市空间格局，山在城中，城在山中，山体与城市相融，彼此交错，成了"你中有我，我中有你"的空间状态。

2. 赵建都城，宜居宜守

周时期，张家口蔚县地区属代国管辖，战国时赵襄子"设宴诱杀代王"，取代并入赵国，设代郡，城沿用代王城址。燕国大将秦开在妫水河与永定河交汇处设上谷郡，在北部边界修筑长城，这成为张家口地区修建防御型聚落的起源。

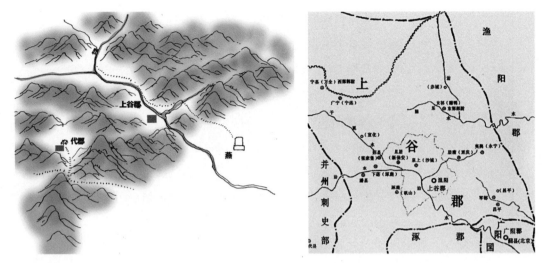

▲ 图2-5 张家口建城初期形态示意图

3. 秦至隋唐，南北边界，重要防御地

秦统一中国后，为了防御北方匈奴进犯，将燕赵秦长城连接起来，上谷郡为全国三十六郡之一，为北疆防御重镇。东汉初边界逐渐稳定，经济发展。到了魏晋时期，北魏拓跋氏迁都大同，张家口成为都城的东大门。秦至汉、北朝，张家口一直为抵抗北方游牧民族入侵的重要防御地，上谷郡设在妫水河南岸，是蔚县、宣化、延庆三个方向最终的汇聚口，为南下防御咽喉。

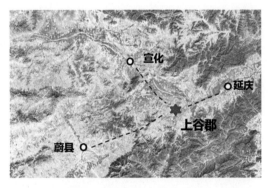

▲ 图2-6 张家口建城巩固发展阶段形态示意图

2.2.2 交通及商贸交流功能对城市发展的影响

1. 城市山水防御向交通服务功能转换

张家口城市的发展体现了在不同时期山水环境影响下城市功能演变的特征。唐早期主要战场在西北，因此以幽州为核心的东北边缘地区一直相对稳定，与北方的契丹等关系友好，城市得到良好的发展建设。辽施行五京制度，张家口的宣化成为西京（大同）、南京（北京）、中京（大定）之间的驿道交通枢纽，正式由战略防御功能转化为交通服务功能。此后辽、金、元三朝均在北京附近设置了都城，极大促进了宣化的城市发展。金中都、元

大都相继在北京建设，尤其元大都建成后，大都成了沟通国际的都城，经由宣化地区可通往蒙古、俄罗斯和欧洲诸多国家，宣化作为出京的第一道服务站和临近抵达京城的标志存在。

▲ 图2-7　张家口建城发展中作为商贸要地阶段形态示意图

2. 从九边重镇向金融中心转换

明后期至清代、民国，长城内外统一，张家口的军事战略意义逐渐向金融贸易方向发生偏移，最终依靠地缘优势形成华北最大的商埠。明代建立后，蒙古势力被赶到长城以北，明朝为了加强北方防御，重修长城，扩大边塞堡寨形成九边重镇，张家口所在的宣化府为九边重镇之一。明土木堡之变后，明朝在西起嘉峪关、东至山海关的长城线进行重点防御建设，修补建设长城，长城内修筑古堡，张家口就是在这时期修筑的。明中期与蒙古议和开通商贸，嘉靖八年（1529年）守备张珍在北城墙开一小门，曰"小北门"，因门小如口，又由张珍开筑，所以称"张家口"。随着商贸经济发达，张家口发展越来越繁华，到了清代与蒙古保持商贸经济往来，张家口逐步超过了万全、宣化，成为京西北重要的商贸口岸。清至民国时期，南方的诸多货物通过运河运送至北京，再由北京至西北张家口，通过大境门入张库古道，到达蒙古恰克图、俄罗斯等国家，对当时的国际贸易、经济格局产生了深远影响。

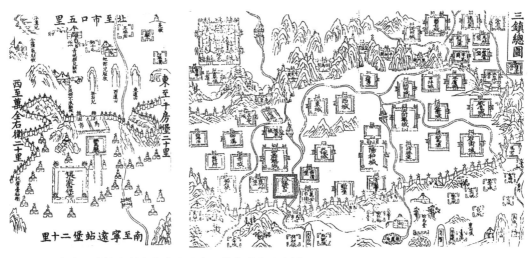

▲ 图2-8　张家口建城发展中作为金融中心阶段形态示意图

2.2.3 近现代城市发展

通过对张家口市中心城区各个时期历史地图的比较分析来看，1949年之后，张家口市城市空间进入了一个快速扩张阶段，城市空间增长超过了之前的总和。尤其近20年是张家口市空间形态演变的一个重要时期。

明清时期，张家口作为九边重镇——宣府镇的要塞，在清水河西岸建张家口堡，随着张家口堡从军事功能向商贸功能转变，关厢及周围聚集了大量的随军家眷及来往商人，规模不断扩大，沿清水河西岸形成了居住片区。清末民国时期，张家口的中心建成区仍主要集中在清水河西岸，并沿着张家口堡（下堡）及来远堡（上堡）沿线规模不断扩大。1909年随着京张铁路在清水河东岸建设，张家口商业重心转移，围绕火车站新辟市场，逐渐形成桥东区貌。桥东区形成历史较短，开发也晚。中华人民共和国成立后，因铁路的辐射效应，桥东区成了张家口市第二产业聚集区，主要发展重工业，时至今日仍有大量的工业建筑遗产分布在桥东区。

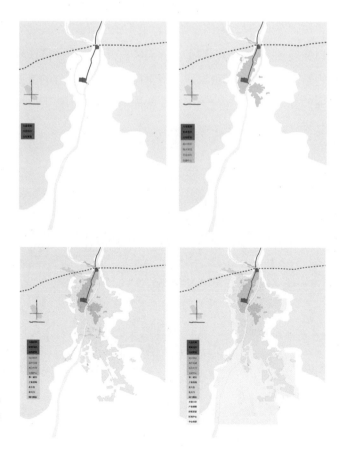

► 图2-9 张家口近现代城市发展形态演变示意图

2.3

建筑文化分区
及类型研究

2.3.1 历史建筑形式与类型

1. 张家口坝上地区历史建筑形式与类型

张家口坝上地区的建筑选址主要为向阳背风平地或缓坡，其布局紧凑灵活，院落特征以大型囫囵院和窑洞式（冀北窑洞区）为主，用地充足，形式多样，横向发展，院落间街巷狭窄。平面布局为东厢房——农具杂物，西厢房——畜棚，厕所——西南角，大多不设门楼，屋顶形式为硬山式。坝上地区主要受草原文化、农耕文化的影响，居民以饲养牲畜、耕种农作物为主要产业。因饲养牲畜，院落宽阔深远，院内用石块、土坯、木栅栏围出小院。建筑材料主要有石材、土坯、夯土，室内以火炕取暖，置于卧室开窗一侧，火炕处为冬季日常生活最频繁的地方，主要解决保温、采暖问题。建筑多为一堂两屋布局，院墙低矮，土木结构，矮小昏暗，室内空间局促。

2. 张家口坝下地区历史建筑形式与类型

张家口坝下地区院落特征为中轴线明显的合院形式，长方形宅基，东西窄，南北长，正房坐中，两侧厢房对称分布。正房朝南，大门在院子东南角，平面布局中轴对称，朝南居多，三、五开间为主。建筑屋顶形式正房主要以硬山屋顶，倒座房、厢房主要以单坡屋顶为主，进深与面宽因宅而异，建筑材料主要为砖木结构。坝下地区主要受明清时期北京及山西四合院影响后定型，以四合院、三

 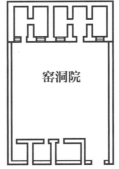 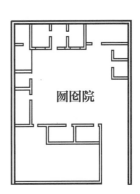

▲ 图2-10 张家口坝上地区传统建筑形式与聚落类型

合院为主，形成一个由正房、东西厢房、倒座围合而成的小型住宅，横向并列，竖向串联，以此增加院落。多个院落互相靠近中间，以院墙或房屋相隔，过厅或者院门作为连通，称为"连环院"。

▲ 图2-11 张家口坝下地区传统建筑形式与聚落类型

2.3.2 重要文化区域分析

结合张家口城市发展、历史文化、社会发展等因素，对张家口重要文化区域进行分析，梳理历史文化区域对历史建筑分布的影响，并将这些区域作为历史建筑重点普查的区域。从市域空间格局看，主要文化区域成"四带六片"分布，"四带"即张库古道文化带、桑干河—洋河文化带、京张铁路文化带和古长城文化发展带，"六片"即蔚县古村古堡文化区、张家口堡—大境门片区、宣化古城、怀来古城、怀安古城、涿鹿古城。

（1）张库古道文化带：曾经是沟通蒙俄民族友好融合的纽带，是一条承载着厚重历史的文化古道，带动了沿途城镇商业、加工业、服务业的发展和文化交流。

（2）京张铁路文化带：起点是北京北站，终点是张家口站。京张铁路的建设不仅使张家口这个当时的陆路大商埠变得更加繁荣，而且使民族自信心得到极大提升，也促进了线路沿途城镇及村落的快速发展。

（3）桑干河—洋河文化带：桑干河孕育了东方人类，桑干河、洋河支撑了涿鹿之战。其文化带上人类活动多、物质生产丰富，形成了众多人类聚落，是张家口市文化的重要组成部分。

（4）长城文化带：张家口长城倚为天险，形同门户。沿线区域聚落的形成在功能、建筑形式、社会文化上都受其影响，并随着历史的变迁而逐渐变化。

（5）蔚县古村、古堡文化区：蔚县是国家历史文化名城，明代以来的修边固防和屯军，

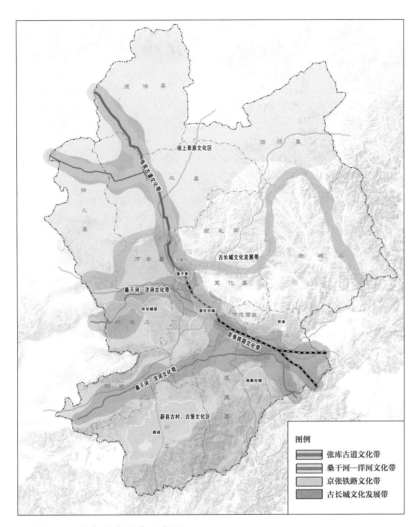

▲ 图2-12 重点文化区域示意图

使这里建设出了大量易于防御的居住城堡，城堡还分为官堡和民堡两种，现存古村堡340多座，其中保存完整和比较完好的240多座。

（6）张家口堡：明代长城九边要冲宣府防御体系的重要组成部分。建堡之初，堡内的大多建筑为官衙、官邸、豪商私宅、宗教场所占有。后来，依附于城堡的寺庙、民居、街市陆续建成。

（7）宣化古城：历代军事重镇，有"京师锁钥"、"神京屏翰"之称。明代为九边要镇之一，因其地理位置重要和屯兵最多，号称"九边之首"。目前宣化区内保留有国家级历史文化街区2条。

2.3.3 历史文化名城、各级历史文化名镇名村及传统村落情况分析

历史文化名城，各级历史文化名镇、名村、历史文化街区，传统村落是历史建筑保留较多的区域，从申报评选开始，历史建筑就作为其重要指标和要素体现在历史文化保护的体系中。

◆ **张家口市历史文化名城、各级历史文化名镇名村及传统村落统计表**　　表2-1

级别	类型	区县名称	名称
国家级历史文化名城、街区	名城	蔚县	蔚县
	街区	宣化区	庙底街、牌楼西街
国家级历史文化名镇名村	名镇	蔚县	暖泉镇、代王城镇
	名村	怀来县	鸡鸣驿乡鸡鸣驿村
		蔚县	涌泉乡北方城村
省级历史文化名镇名村	名镇	蔚县	暖泉镇、代王城镇、宋家庄镇
		万全区	万全镇
	名村	蔚县	南留庄镇南留庄村、宋家庄镇上苏庄村、涌泉庄乡北方城村、代王城镇石家庄村、宋家庄镇宋家庄村、宋家庄镇邢家庄村、宋家庄镇吕家庄村、宋家庄镇大固城村、宋家庄镇郑家庄村、涌泉庄乡涌泉庄村、涌泉庄乡任家涧村、涌泉庄乡堡北卜村、代王城镇张中堡村、县南留庄镇水东堡村、南留庄镇水西堡村
		怀来县	端云观乡镇边城村、鸡鸣驿乡鸡鸣驿村
		阳原县	浮图讲乡开阳村
传统村落		蔚县	暖泉镇北官堡村、西古堡村、千字村、中小堡村，宋家庄镇上苏庄村、宋家庄村、邢家庄村、郑家庄、王良庄、大固城村、吕家庄村、邀渠村、大探口村、北口村，南留庄镇南留庄村、水东堡、水西堡、白后堡村、曹疃村、史家堡村、单堠村、杜杨庄村、大饮马泉村、小饮马泉村、白河东村、白南堡、白宁堡村、埚串堡村、白中堡村，代王城镇张中堡，阳眷镇南堡村、下宫村乡浮图村、涌泉庄乡卜北堡村、任家涧村、辛庄村、北方城村，白草村乡钟楼村
		张北县	油婆沟乡黄花坪村
		怀安县	左卫镇石坡底村，西沙城乡东沙城村北庄堡村、水闸屯村、西沙城村
		怀来县	鸡鸣驿乡鸡鸣驿村
		阳原县	浮图讲乡开阳村

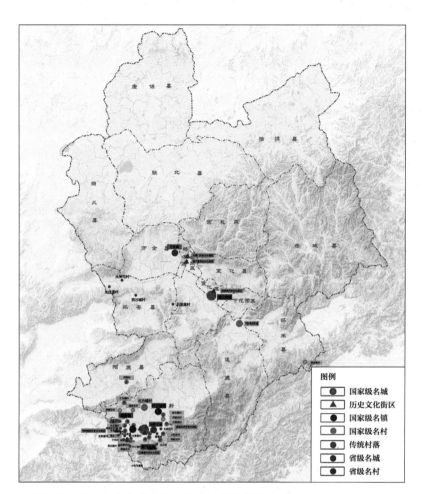

▲ 图2-13 历史文化名镇名村、传统村落分布图

Chapter 3
第3章

历史建筑普查及
保存情况分析

3.1

历史建筑普查
工作内容

3.1.1　普查工作总体思路

1. 前期研究

通过对张家口历史文化遗存、历史建筑相关的研究、文献、影像资料进行全面的检索和综述，确定识别出一批具有历史建筑或潜在具有历史建筑的区域。针对已经公布为历史文化名镇、历史文化名村、传统村落等范围内的历史建筑以及新发现的潜在历史建筑开展数据收集工作。对张家口相关文史资料进行全面研究，梳理张家口历史文化要素以及潜在历史建筑的类型、分布情况、保存情况及分布特点等。

2. 线索寻找

面向张家口市相关部门、学者等征集建议历史建筑名单，通过形式多样、有的放矢的公共参与方式，开展潜在历史建筑的社会征集活动。

▶ 图3-1　现场调研
照片

3. 现场调查

根据前期研究、线索寻找、社会调查的综合结果，展开张家口历史建筑现场调查工作。并在现场调研过程中，针对性地对长期生活居住在历史地段中的居民开展访谈。

3.1.2 普查工作方式方法

1. 前期研究

（1）确定范围

①年代全覆盖：对存在30年以上的有价值建筑进行筛查。

②不同产权覆盖：包括国有、私有、混合、集体以及代管产、宗教产等。

③功能全覆盖：历史建筑类型包括宅第民居、戏台祠堂、学堂书院、寺观塔幢、店铺作坊、堡门寨墙、牌坊影壁、桥涵码头、堤坝渠堰等；重要历史事件和重要机构旧址；文化教育、医疗卫生、金融、军事、宗教、工业遗存等建（构）筑物。

（2）资料筛查

在对张家口市域内4174个村落进行全面研究的同时，结合张家口的历史发展与演变进程，并以下四个方面为历史建筑普查的突破口：

①对张家口历史进行研究，涉及主要历史文化、历史事件、历史变迁等相关区域内的建筑。张家口市农耕文化与草原文化，燕赵文化与三晋文化，中华文化与长城文化、外来文化的融合是区域文化主要特征，是历史建筑产生与发展的根本。

②各级文物保护单位、不可移动文物点保护控制范围、建设控制地带、环境协调区域等相关区域及关联区域内的建筑。

③国家级历史文化名镇名村、历史文化街区，省级历史文化名镇名村、历史文化街区，传统村落等较为集中区域内的历史建筑。

④除以上三方面外，重点关注具有大量建成30年以上的历史建筑，即20世纪90年代前建设的老城区、老镇区的建筑。

2. 现场调查

（1）调查原则

①提前沟通：确定各区县建设部门及镇村级联络人，提前沟通调研内容，与相关部门召开讨论会，讨论历史建筑保存情况、分布情况，以及保护工作等内容。

②部门配合：各区县委派相关部门人员协同进行历史建筑普查工作，确保调研工作

顺利进行。

③调查挖掘：在前期研究的基础上，采取"边调查、边发掘"的工作方式，与基层工作人员、群众多沟通，深挖历史建筑的历史沿革与现状情况，获取更多信息。

（2）调查信息表

调查信息数据表设计涵盖基本信息（名称、年代、类型、风格），测绘信息（位置、面积、高度、材质、质量），以及权属信息，能够较为全面地反映历史建筑的基本情况。同时，信息表包含对历史建筑价值评价的直观描述信息，即现状保存情况（稀有程度、现状及风貌），价值评价（艺术、历史、科学技术），以及价值描述。

◆ 历史建筑调查信息表 　　　　　　表3-1

建筑名称		建设年代	
建筑类别	宅第民居☐　戏台祠堂☐　学堂书院☐　寺观塔幢☐　店铺作坊☐　堡门寨墙☐　牌坊影壁☐　桥涵码头☐　堤坝渠堰☐　池塘井泉☐　重要历史事件和重要机构旧址☐　文化教育☐　医疗卫生☐　金融建筑☐　军事建筑☐　工业遗存☐　宗教建筑☐　其他建（构）筑☐		
建筑风格			
位置	_____县（市、区）_____街道　　号　　或_____县（市、区）_____乡镇　　村		
	用地中心点经度：114.673035　　　　　纬度：39.893928		
占地面积	（m²）	建筑面积	（m²）
建筑高度	（m）	建筑层数	
主体材料	砖☐石☐木☐水泥☐其他☐	使用状况	商业☐居住☐展示☐闲置☐其他☐
建筑质量	完好☐　　基本完好☐　　一般损坏☐　　严重损坏☐　　危险房屋☐		
权属	国有☐　　集体☐　　　个人☐　　　其他☐		
稀有程度			
现状评价			
建筑风貌描述			
建筑艺术特征	☐ 1.1 反映一定时期的建筑设计风格，具有典型性 ☐ 1.2 建筑样式与细部等具有一定的艺术特色和价值 ☐ 1.3 反映所在地域或民族的建筑艺术特点 ☐ 1.4 在城市或乡村一定地域内具有标志性或象征性，具有群体心理认同感 ☐ 1.5 著名建筑师的代表作品 价值描述：		

续表

建筑历史特征	☐ 2.1 与重要历史事件、历史名人相关联 ☐ 2.2 在城市发展与建设史上具有代表性 ☐ 2.3 在某一行业发展史上具有代表性 ☐ 2.4 具有纪念、教育等历史文化意义 价值描述：
科学技术特征	☐ 3.1 建筑材料、结构、施工技术反映当时的建筑工程技术和科技水平 ☐ 3.2 建筑形体组合或空间布局在一定时期具有先进性 价值描述：
历史建筑价值描述	
备注	

（3）调查内容

①村委座谈：村落历史和情况、有价值的传统风貌建筑保存及保护情况、村民保护意识等内容。

②辅助设备：无人机、测距仪、经纬定位设备、照相机等。

③调查内容：调查周边环境分析、坐标定位、信息采集、历史沿革问询、照片拍摄、建筑测绘等。

3. 后期建档

①统一编号：采用地域划分体系编码"县区—镇—村—建筑—建筑名称"统一编号，汇总成历史建筑统计表。

②照片库：建筑外立面、现状室内结构、现状整体风貌、历史建筑细部结构等方面。

③CAD测绘图：严格按照《历史建筑物普查数据标准》规范，绘制每处历史建筑CAD测绘图。

④历史建筑档案表：严格按照《历史建筑物普查数据标准》内容，建立历史建筑档案，包括建筑信息、照片、CAD测绘图和建筑介绍，一户一档。

▲ 图3-2 历史建筑普查数据内容示意图

3.2

历史建筑保存
情况总结及典
型历史建筑特
征分析举例

3.2.1　历史建筑保存情况总结

1. 普查历史建筑总数量515处，其中蔚县分布数量最多，有312处，占总普查数量的60.58%

张家口市域各区县历史建筑普查对象共计515处。从数量等级来看，分布数量在50处以上的有蔚县、桥西区；20~50处的有涿鹿县、阳原县；1~20处的有宣化区、桥东区、康保县、沽源县、万全区、赤城县、崇礼区、下花园区、怀来县、尚义县、怀安县。其中，蔚县普查历史建筑数量最多，有312处，占总普查数量的60.58%。

◆ 张家口市各区县历史建筑数量分布统计表　　　　表3-2

区县	数量（处）	城乡分布情况		占总普查数量的比重（%）
		城区	乡镇	
宣化区	9	9	0	1.75
涿鹿县	27	2	25	5.24
蔚县	312	86	226	60.58
桥东区	5	5	0	0.97
桥西区	53	53	0	10.29
阳原县	35	0	35	6.80
康保县	6	0	6	1.17
沽源县	11	2	9	2.14
怀安县	15	4	11	2.91
万全区	7	0	7	1.36
赤城县	7	1	6	1.36
崇礼区	3	1	2	0.58
下花园区	4	0	4	0.78
怀来县	10	8	2	1.94
尚义县	11	0	11	2.14
总计	515	168	342	100

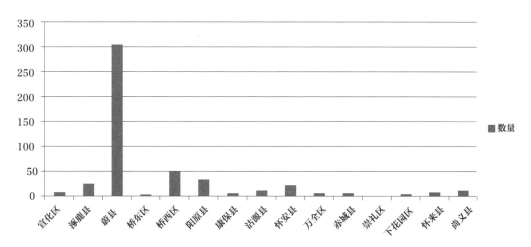

▲ 图3-3　张家口市各区县历史建筑数量分布

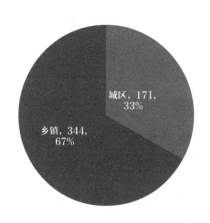

▲ 图3-4　各区县历史建筑城乡分布情况

▲ 图3-5　各区县历史建筑类型统计情况

2. 张家口市域各区县历史建筑分布存在较大差异，乡镇数量（344处，占66.79%）多于城区数量（171，占33.21%）

从城乡分布情况来看，乡镇历史建筑总数量远高于城区，其中分布于城区的历史建筑数量为171处，占总数量的33.21%，分布于乡镇的历史建筑数量为344处，占总数量的66.79%，乡镇所占比重为城区的2倍之多。从个体区县（如涿鹿县、蔚县、阳原县等）的城乡分布情况来看，区县内位于乡镇的历史建筑数量要多过位于城区的数量；而市区如桥东区、桥西区、宣化区等，其历史建筑主要分布于城区之中。

3. 历史建筑类型以宅第民居为主，有279处，占总类型的54.17%

从市域历史建筑普查结果看，张家口历史建筑类型较为丰富，通过整合归类，最终将其划分为公共建筑、商业作坊、宗教建筑、重要构筑物、工业建筑、宅第民居和其他七种类型。其中，宅第民居占数量最多（279处，占54.17%）、宗教建筑（103处，占20.00%）、公共建筑（78处，占15.15%），这三种类型的历史建筑数量总计455处，占总类型数量的88.35%；而工业建筑（8处，占1.55%）、商业作坊（9处，占1.75%）、重要构筑物（31处，占6.02%）、其他（7处，占1.36%），这四种类型的历史建筑数量总计55处，占总类型数量的10.68%。

◆ 张家口市各区县历史建筑类型统计表 　　　　　　　表3-3

历史建筑类型	数量（处）	占比重（%）
宅第民居	279	54.17
宗教建筑	103	20.00
公共建筑	78	15.15
重要构筑物	31	6.02
商业作坊	9	1.75
工业建筑	8	1.55
其他	7	1.36
总计	515	100

3.2.2 典型历史建筑特征分析举隅

1. 宅第民居

张家口市域内目前保存的宅第民居型历史建筑，主要为合院式建筑、窑洞建筑等类型。合院建筑多以砖木结构为主，基本由正房、东西厢房、倒座围合而成，广泛分布于张家口各区县，集中于桥西区堡子里、蔚县、宣化区等地。窑洞式建筑多为土窑和砖窑，按照形式分为靠崖式窑洞建筑和独立式窑洞建筑，主要分布于坝上地区，如尚义、康保以及崇礼等地区。

（1）桥西区张家口堡鼓楼东街7号

■ 拟推荐历史建筑档案一览表

河北省张家口市　桥西县（市、区）　　　　　　　　　　　　　　编号：130703001

建筑名称	鼓楼东街7号		建设年代	不详
建筑类别	宅第民居☑　　戏台祠堂□　　学堂书院□　　寺观塔幢□　　店铺作坊□ 堡门寨墙□　　牌坊影壁□　　桥涵码头□　　堤坝渠堰□　　池塘井泉□ 重要历史事件和重要机构旧址□　　文化教育□　　医疗卫生□　　金融建筑□ 军事建筑□　　工业遗存□　　宗教建筑□　　其他建（构）筑□_____			
建筑风格	年代不详四合院民居			
位置	桥西　县（市、区）　鼓楼东街　街道7号或　　　县（市、区）　　　　乡镇 用地中心点经度：114.8738　纬度：40.81799			
占地面积	543m^2	建筑面积		366m^2
建筑高度	5m	建筑层数		2
主体材料	砖☑　石□　　木☑ 水泥□　其他□	使用状况		商业□　居住☑　展示□　闲置□ 其他□
建筑质量	完好□　　基本完好☑　　一般损坏□　　严重损坏□　　危险房屋□			
权属	国有☑　　集体□　　　　个人□　　　　其他□			
稀有程度	保存完好，现存类似建筑较多			
现状评价	建筑整体保存完整，坐北朝南，正房为二层木结构建筑，屋顶保存完整，门窗有小部分更换，南北向夹道加建严重，院落内有杂物堆积，现正常居住约6户			
建筑风貌描述	建筑风貌保存完好，二层廊柱窗格细部丰富，门房装饰等细节优美，颜色老旧。入口门楼目前风貌保存最为完好，并进行一定的保护			
建筑艺术特征	☑ 1.1 反映一定时期的建筑设计风格，具有典型性 □ 1.2 建筑样式与细部等具有一定的艺术特色和价值 □ 1.3 反映所在地域或民族的建筑艺术特点 □ 1.4 在城市或乡村一定地域内具有标志性或象征性，具有群体心理认同感 □ 1.5 著名建筑师的代表作品 价值描述：建筑体现了四合院建筑的格局特点			

续表

建筑历史 特征	☐ 2.1 与重要历史事件、历史名人相关联 ☑ 2.2 在城市发展与建设史上具有代表性 ☐ 2.3 在某一行业发展史上具有代表性 ☐ 2.4 具有纪念、教育等历史文化意义 价值描述：体现了清代民居形式的格局特点
科学技术特征	☐ 3.1 建筑材料、结构、施工技术反映当时的建筑工程技术和科技水平 ☑ 3.2 建筑形体组合或空间布局在一定时期具有先进性 价值描述：建筑形体组合反映了当时的四合院建筑特点
历史建筑价值 描述	该民居位于鼓楼东街7号，占地543m²，建筑面积366m²，高约5m，具体建成时期不详。建筑周围皆为民居及商铺，经过历史变迁，整体格局仍保存完整，为典型北方合院民居类型，可作为清代四合院民居建筑的代表。目前，由于院内居住人口复杂，私搭乱建行为较为严重，但原有建筑本身得到一定保护，整体保存情况较好
备注	

■ 建筑测绘

▲ 周边环境   ▲ 建筑平面图测绘图

■ 照片信息

照 片

拍摄内容说明	立面

拍摄内容说明	大门细节

拍摄内容说明	屋顶结构细部	拍摄内容说明	门窗

（2）崇礼县巴图湾村窑洞

■ 拟推荐历史建筑档案一览表

河北省张家口市　崇礼县（市、区）高家营镇　　　　　　　　　　编号：130709001

建筑名称	巴图湾村窑洞			建设年代	民国时期
建筑类别	宅第民居☑　　戏台祠堂☐　　学堂书院☐　　寺观塔幢☐　　店铺作坊☐ 堡门寨墙☐　　牌坊影壁☐　　桥涵码头☐　　堤坝渠堰☐　　池塘井泉☐ 重要历史事件和重要机构旧址☐　　文化教育☐　　医疗卫生☐　　金融建筑☐ 军事建筑☐　　工业遗存☐　　宗教建筑☐　　其他建（构）筑☐				
建筑风格	民国时期窑洞				
位置	_____县（市、区）_____街道_____号 或　崇礼　县（市、区）　高家营镇　乡镇　巴图湾村 用地中心点经度：115.652　　　　纬度：40.5357				
占地面积	55m²		建筑面积	55m²	
建筑高度	2.5m		建筑层数	1	
主体材料	砖☑　石☐　木☑　水泥☐ 其他☐		使用状况	商业☐　　居住☑　　展示☐ 闲置☐　　其他☐	
建筑质量	完好☐　　基本完好☐　　一般损坏☑　　严重损坏☐　　危险房屋☐				
权属	国有☐　　集体☐　　　个人☑　　　其他☐				
稀有程度	保存完好的北方窑洞式民居，极具历史价值，保存数量有限				
现状评价	院落杂物较多，窑洞建筑结构保存完好，主体建筑由两个窑洞组成。因年代久远稍有漏雨，门窗稍有破损，但样式细部仍有留存，建筑屋顶有挑檐并搭上了防雨布料或石棉瓦。内部空间进深7.7m，宽9m左右，两窑并联，由卧室和起居室构成，冬暖夏凉，十分宜居				
建筑风貌描述	建筑风貌保持完好，墙体、结构、保存完整，屋顶被住户覆盖防雨布，窑洞有屋檐留存，建筑独有的黄土肌理保存较好，建筑的颜色、体量与历史符合				
建筑艺术特征	☑ 1.1 反映一定时期的建筑设计风格，具有典型性 ☑ 1.2 建筑样式与细部等具有一定的艺术特色和价值 ☐ 1.3 反映所在地域或民族的建筑艺术特点 ☐ 1.4 在城市或乡村一定地域内具有标志性或象征性，具有群体心理认同感 ☐ 1.5 著名建筑师的代表作品 价值描述：典型北方靠山式窑洞，民国时期巴图湾村民居遗存，整体结构保存完好，窗户花纹样式多样，颇为美观，墙体由黄土裹住，显出比较独特的建筑肌理，呈现厚重、古朴之感				

续表

建筑历史特征	☐ 2.1 与重要历史事件、历史名人相关联 ☑ 2.2 在城市发展与建设史上具有代表性 ☐ 2.3 在某一行业发展史上具有代表性 ☐ 2.4 具有纪念、教育等历史文化意义 价值描述：见证该地区的民生发展情况，从而能更清晰地认识尚义县地区的早期民居类建筑形式
科学技术特征	☑ 3.1 建筑材料、结构、施工技术反映当时的建筑工程技术和科技水平 ☐ 3.2 建筑形体组合或空间布局在一定时期具有先进性 价值描述：巴图湾窑洞形制颇具特色，整体结构保存较为完整，由黄土将结构裹住，使内部空间冬暖夏凉，具有一定的研究意义
历史建筑价值描述	该窑洞民居是巴图湾村保存完好的民国时期窑洞式民居，建筑细部略有破损，但门窗样式保留完整，屋顶保存完整，建筑的墙体由黄土砂石组成，独具特色，目前保存较好，仅有较少砂石脱落，依稀可见往日风采。窑洞内部无破坏性改造，依旧保存两窑并联的空间布局，冬暖夏凉，仅因年久稍有漏雨。值得注意的是我国窑洞主要分布在甘肃、山西、陕西、河南和宁夏等五省区，在河北地区的窑洞存留较少，因此下马圈村窑洞民居，对于研究当地过去的民生情况、居住建筑类型以及当地历史文化发展颇具意义
备注	

■ 建筑测绘

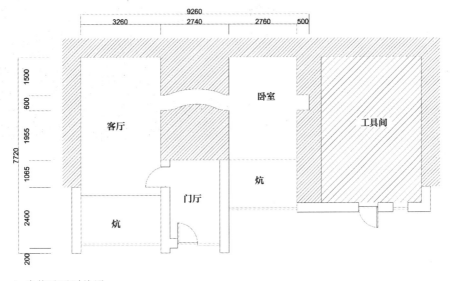

▲ 建筑平面测绘图

■ 照片信息

照片		

拍摄内容说明	正立面	拍摄内容说明	整体效果

| 拍摄内容说明 | 整体效果 |

2. 宗教建筑

张家口市域内保存较好的宗教建筑种类较多，如观音庙、城隍庙、清真寺、三神庙等。广泛分布于各区县保存较好的村庄中，集中于历史文化名村、传统村落及古堡中，与其村落格局密切相关。

（1）蔚县暖泉镇北官堡村天主教堂

■ 拟推荐历史建筑档案一览表

河北省张家口市　蔚县（市、区）　　　　　　　　　　　　　　编号：130726016

建筑名称	天主教堂		建设年代	清
建筑类别	宅第民居□　　戏台祠堂□　　学堂书院□　　寺观塔幢□　　店铺作坊□ 堡门寨墙□　　牌坊影壁□　　桥涵码头□　　堤坝渠堰□　　池塘井泉□ 重要历史事件和重要机构旧址□　　文化教育□　　医疗卫生□　　金融建筑□ 军事建筑□　　工业遗存□　　宗教建筑☑　　其他建（构）筑□＿＿＿＿＿			
建筑风格	清代合院天主教堂			
位置	＿＿＿＿＿＿县（市、区）＿＿＿＿＿＿街道　　　　　号 或＿＿蔚＿＿县（市、区）暖泉乡镇　北官堡村 用地中心点经度：114.673035　　　　　纬度：39.893928			
占地面积	337m²	建筑面积	245m²	
建筑高度	正房5.1m，厢房4.8m	建筑层数	1	
主体材料	砖☑　　石□　　木☑ 水泥□　　其他□	使用状况	商业□　　居住□　　展示□ 闲置□　　其他☑	
建筑质量	完好□　　基本完好☑　　一般损坏□　　严重损坏□　　危险房屋□			
权属	国有□　　集体□　　个人☑　　其他□			
稀有程度	保存较好的清代天主教堂，保存数量有限			
现状评价	建筑整体保存较完整，东厢房为新建建筑。主体门窗为木结构，朴素大方，现有门窗大部分保留原有木格门窗，门窗、屋顶有局部破损，院落状况基本良好			
建筑风貌描述	建筑风貌保持完好，主殿室内造型为拱顶。门窗、屋顶保存原有历史风貌。部分门窗有更换，颜色、体量与历史符合			
建筑艺术特征	□ 1.1 反映一定时期的建筑设计风格，具有典型性 ☑ 1.2 建筑样式与细部等具有一定的艺术特色和价值 □ 1.3 反映所在地域或民族的建筑艺术特点 □ 1.4 在城市或乡村一定地域内具有标志性或象征性，具有群体心理认同感 □ 1.5 著名建筑师的代表作品 价值描述：门窗做工精细、古朴，为研究该地区合院门窗、细部装修提供很大参考价值，同时该教堂为少有的规整四合院教堂，建筑形体组合或空间布局在一定时期具有先进性，对研究该地区宗教建筑布局、城市建设发展具有重要意义			

续表

建筑历史特征	☐ 2.1 与重要历史事件、历史名人相关联 ☑ 2.2 在城市发展与建设史上具有代表性 ☐ 2.3 在某一行业发展史上具有代表性 ☐ 2.4 具有纪念、教育等历史文化意义 **价值描述**：见证清代以来该地区的民间信仰、习俗变化，具有很大的历史文化价值，同时也为该地区城市发展与建设史的研究提供依据，从而能更清晰地认识蔚县地区的村庄布局方式
科学技术特征	☑ 3.1 建筑材料、结构、施工技术反映当时的建筑工程技术和科技水平 ☐ 3.2 建筑形体组合或空间布局在一定时期具有先进性 **价值描述**：主殿室内造型为拱顶，较少见，有很大参考价值
历史建筑价值描述	该民居位于村庄最北侧，占地337m²，建筑面积245m²，正房高5.1m，厢房高4.8m，是清代信奉天主教的村民所建，经过历史变迁，建筑风貌保持完好，墙体、结构、屋顶保存完整。建筑规格较大，结构坚固，建筑细部构件精美，是张家口平原地区民居改建为天主教堂的典型代表
备注	

■ 建筑测绘

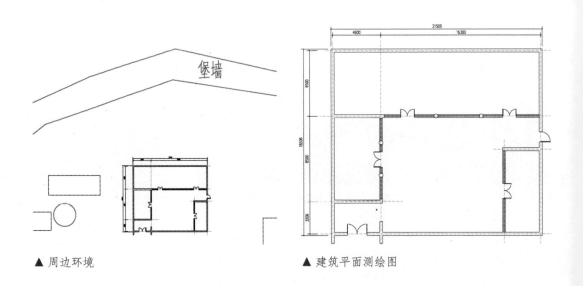

▲ 周边环境　　　　　　　　　　▲ 建筑平面测绘图

■ 照片信息

照 片

拍摄内容说明	1号屋立面

拍摄内容说明	2号屋立面	拍摄内容说明	大门立面

（2）涿鹿县矾山镇上七旗村阪泉寺

■ 拟推荐历史建筑档案一览表

河北省张家口市　涿鹿县（市、区）　　　　　　　　　　　　　　　编号：130731001

建筑名称	阪泉寺			建设年代	清
建筑类别	宅第民居□　　戏台祠堂□　　学堂书院□　　寺观塔幢□　　店铺作坊□ 堡门寨墙□　　牌坊影壁□　　桥涵码头□　　堤坝渠堰□　　池塘井泉□ 重要历史事件和重要机构旧址□　　文化教育□　　医疗卫生□　　金融建筑□ 军事建筑□　　工业遗存□　　宗教建筑☑　　其他建（构）筑□＿＿＿＿＿＿				
建筑风格	清代院落式庙宇				
位置	＿＿＿＿＿＿县（市、区）＿＿＿＿＿＿街道＿＿＿＿＿＿号 或＿涿鹿＿县（市、区）＿矾山镇＿乡镇上七旗村 用地中心点经度：115.395556　　　纬度：40.198333				
占地面积	602m²		建筑面积		366m²
建筑高度	2.8~5.5m		建筑层数		1
主体材料	砖☑　　石□　　木☑ 水泥□　　其他□		使用状况	商业□　　居住□　　展示□ 闲置□　　其他☑	
建筑质量	完好□　　基本完好☑　　一般损坏□　　严重损坏□　　危险房屋□				
权属	国有□　　集体☑　　个人□　　其他□				
稀有程度	保存较完整的清代庙宇，保存数量有限				
现状评价	建筑整体保存较完整，目前仍在使用，其历史功能得到完整保留并延续				
建筑风貌 描述	建筑风貌保持较完整，墙体、结构、屋顶保存完整。围墙为红砖墙，粉刷灰色涂料。 梁柱雕刻细部丰富。部分门窗有更换，与历史有一定出入，梁柱彩画油漆经过修补				
建筑艺术 特征	□ 1.1 反映一定时期的建筑设计风格，具有典型性 ☑ 1.2 建筑样式与细部等具有一定的艺术特色和价值 □ 1.3 反映所在地域或民族的建筑艺术特点 □ 1.4 在城市或乡村一定地域内具有标志性或象征性，具有群体心理认同感 □ 1.5 著名建筑师的代表作品 价值描述：建筑古朴大方，细致精美，院中建筑各具风格，细部构造丰富精美				
建筑历史 特征	□ 2.1 与重要历史事件、历史名人相关联 ☑ 2.2 在城市发展与建设史上具有代表性 □ 2.3 在某一行业发展史上具有代表性 □ 2.4 具有纪念、教育等历史文化意义 价值描述：见证清代以来该地区的民间信仰、习俗变化，具有很大的历史文化价值				

续表

科学技术特征	☑ 3.1 建筑材料、结构、施工技术反映当时的建筑工程技术和科技水平 ☐ 3.2 建筑形体组合或空间布局在一定时期具有先进性 价值描述：梁柱精美，屋脊上走兽均匀分布，建筑的细部反映了涿鹿县地区的民居装修特点，虽然有部分被现代材料所替换，不过从留下来的部分可以看出当年高超的工匠工艺水平
历史建筑 价值描述	该庙宇位于村庄南部，占地602m²，建筑面积366m²，高度为1号建筑5.5m、2号建筑3.9m、3号建筑2.8m、4号建筑2.8m、5号建筑3.0m、6号建筑3.0m、7号建筑4.0m、8号建筑4.0m、院门3.5m。整体建筑是清代村民为祭拜所建，经过历史变迁，建筑风貌保持完好，墙体、结构、屋顶保存完整。瓦当、滴水、柱础、窗格等细部丰富。门窗有更换，建筑的颜色、体量与历史符合。房屋无破坏性改造。建筑规格较大，结构坚固，建筑细部构件精美，是张家口平原地区传统庙宇的典型代表
备注	

■ 建筑测绘

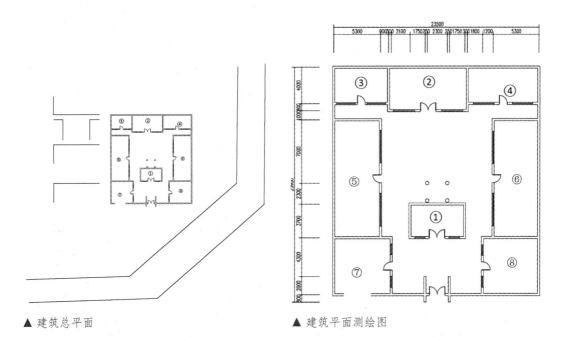

▲ 建筑总平面　　　　　　　　　▲ 建筑平面测绘图

■ 照片信息

照片	

拍摄内容说明　　1号建筑	拍摄内容说明　　2号建筑

拍摄内容说明　　4号建筑	拍摄内容说明　　8号建筑

拍摄内容说明　　5号建筑	拍摄内容说明　　6号建筑

3. 公共建筑

张家口市域内保存较好的公共建筑主要有金融建筑、学堂书院、医疗卫生等类型，多位于城镇区内，砖混结构，体量较大。建筑功能部分改变，保护利用情况较好，如怀安县京张铁路沿线火车站、宣化区二中礼堂教室等公共建筑，相关部门已经开展了一定的保护修缮工作，保护发展情况良好。

（1）桥东区原251医院建筑群

■ 拟推荐历史建筑档案一览表

河北省张家口市　桥东县（市、区）　　　　　　　　　　　　编号：130702001

建筑名称	原251医院建筑群		建设年代	1954-1957
建筑类别	宅第民居□　　戏台祠堂□　　学堂书院□　　寺观塔幢□　　店铺作坊□ 堡门寨墙□　　牌坊影壁□　　桥涵码头□　　堤坝渠堰□　　池塘井泉□ 重要历史事件和重要机构旧址□　　文化教育□　　医疗卫生☑　　金融建筑□ 军事建筑□　　工业遗存□　　宗教建筑□　　其他建（构）筑□＿＿＿＿＿			
建筑风格	苏联式、中式			
位置	＿＿＿桥东＿＿＿县（市、区）　　＿＿建国路＿＿街道13号 用地中心点经度：114.89416　　纬度：40.805			
占地面积	2286m²	建筑面积		3834m²
建筑高度	7~15m	建筑层数		1、3
主体材料	砖☑　　　石□　　　木□ 水泥☑　　其他□	使用状况		商业☑　　居住□　　展示□ 闲置□　　其他□
建筑质量	完好□　　基本完好☑　　一般损坏□　　严重损坏□　　危险房屋□			
权属	国有☑　　集体□　　个人□　　其他□			
稀有程度	保存基本完整的苏联风格建筑，具有极高的历史价值，保存数量有限			
现状评价	该建筑群由三栋建筑组成，建筑整体保存基本完整，仍作为医院的配套用房进行使用，建筑质量较好。其中超市楼是苏联式建筑风格，食堂和澡堂为中式建筑风格			
建筑风貌描述	该建筑群风貌基本完整，墙面、屋顶有一定程度的损坏，建筑风格、色彩协调，不影响医院整体风貌			

续表

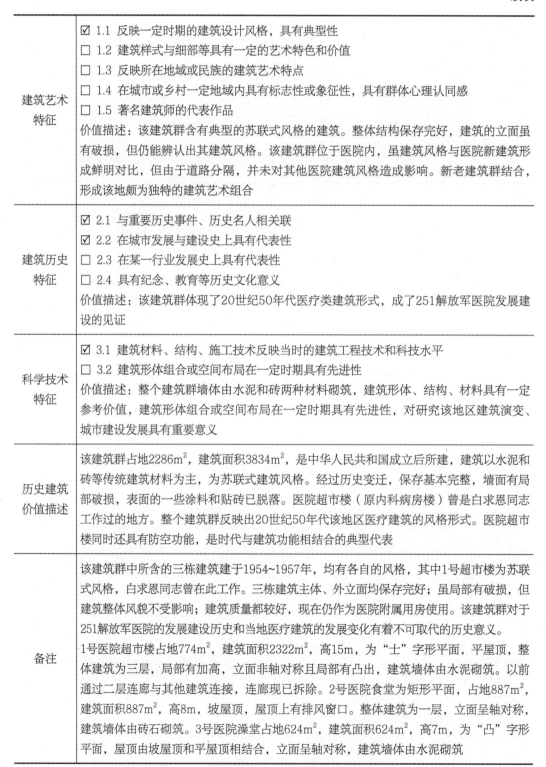

建筑艺术 特征	☑ 1.1 反映一定时期的建筑设计风格，具有典型性 □ 1.2 建筑样式与细部等具有一定的艺术特色和价值 □ 1.3 反映所在地域或民族的建筑艺术特点 □ 1.4 在城市或乡村一定地域内具有标志性或象征性，具有群体心理认同感 □ 1.5 著名建筑师的代表作品 价值描述：该建筑群含有典型的苏联式风格的建筑。整体结构保存完好，建筑的立面虽有破损，但仍能辨认出其建筑风格。该建筑群位于医院内，虽建筑风格与医院新建筑形成鲜明对比，但由于道路分隔，并未对其他医院建筑风格造成影响。新老建筑群结合，形成该地颇为独特的建筑艺术组合
建筑历史 特征	☑ 2.1 与重要历史事件、历史名人相关联 ☑ 2.2 在城市发展与建设史上具有代表性 □ 2.3 在某一行业发展史上具有代表性 □ 2.4 具有纪念、教育等历史文化意义 价值描述：该建筑群体现了20世纪50年代医疗类建筑形式，成了251解放军医院发展建设的见证
科学技术 特征	☑ 3.1 建筑材料、结构、施工技术反映当时的建筑工程技术和科技水平 □ 3.2 建筑形体组合或空间布局在一定时期具有先进性 价值描述：整个建筑群墙体由水泥和砖两种材料砌筑，建筑形体、结构、材料具有一定参考价值，建筑形体组合或空间布局在一定时期具有先进性，对研究该地区建筑演变、城市建设发展具有重要意义
历史建筑 价值描述	该建筑群占地2286m²，建筑面积3834m²，是中华人民共和国成立后所建，建筑以水泥和砖等传统建筑材料为主，为苏联式建筑风格。经过历史变迁，保存基本完整，墙面有局部破损，表面的一些涂料和贴砖已脱落。医院超市楼（原内科病房楼）曾是白求恩同志工作过的地方。整个建筑群反映出20世纪50年代该地区医疗建筑的风格形式。医院超市楼同时还具有防空功能，是时代与建筑功能相结合的典型代表
备注	该建筑群中所含的三栋建筑建于1954~1957年，均有各自的风格，其中1号超市楼为苏联式风格，白求恩同志曾在此工作。三栋建筑主体、外立面均保存完好；虽局部有破损，但建筑整体风貌不受影响；建筑质量都较好，现在仍作为医院附属用房使用。该建筑群对于251解放军医院的发展建设历史和当地医疗建筑的发展变化有着不可取代的历史意义。 1号医院超市楼占地774m²，建筑面积2322m²，高15m，为"士"字形平面，平屋顶，整体建筑为三层，局部有加高，立面非轴对称且局部有凸出，建筑墙体由水泥砌筑。以前通过二层连廊与其他建筑连接，连廊现已拆除。2号医院食堂为矩形平面，占地887m²，建筑面积887m²，高8m，坡屋顶，屋顶上有排风窗口。整体建筑为一层，立面呈轴对称，建筑墙体由砖石砌筑。3号医院澡堂占地624m²，建筑面积624m²，高7m，为"凸"字形平面，屋顶由坡屋顶和平屋顶相结合，立面呈轴对称，建筑墙体由水泥砌筑

■ 建筑测绘

①超市楼：建筑面积2322 m²，原为内科病房楼。

②医院食堂：建筑面积887 m²，原为医院食堂。

③医院澡堂：建筑面积624 m²，原为医院澡堂。

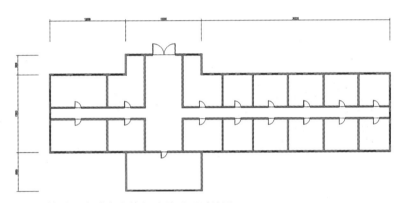

▲ 超市楼（原内科病房楼）建筑平面测绘图

■ 照片信息

照 片	

拍摄内容说明	医院超市正立面	拍摄内容说明	台口、屋顶、窗户细节

照 片

拍摄内容说明	医院食堂正立面	拍摄内容说明	医院食堂建筑整体

拍摄内容说明	医院浴室正立面	拍摄内容说明	医院澡堂后立面

拍摄内容说明	台口、屋顶、窗户细节

（2）怀来县新保安镇京张铁路旧址

■ 拟推荐历史建筑档案表

河北省张家口市　怀来县（市、区）　　　　　　　　　　　　　编号：13073002

建筑名称	京张铁路旧址		建设年代	1909
建筑类别	宅第民居□　　戏台祠堂□　　学堂书院□　　寺观塔幢□　　店铺作坊□ 堡门寨墙□　　牌坊影壁□　　桥涵码头□　　堤坝渠堰□　　池塘井泉□ 重要历史事件和重要机构旧址□　　文化教育□　　医疗卫生□　　金融建筑□ 军事建筑□　　工业遗存☑　　宗教建筑□　　其他建（构）筑□＿＿＿＿＿			
建筑风格	民国时期传统建筑			
位置	＿＿＿怀来＿＿＿县（市、区）＿新保安＿乡镇 用地中心点经度：115.430995　　纬度：40.440538			
占地面积	1287.5m²	建筑面积		1000m²
建筑高度	3.5m	建筑层数		1
主体材料	砖☑　　石□　　木□ 水泥☑　　其他□	使用状况		商业□　居住□　展示□ 闲置□　其他☑
建筑质量	完好□　　基本完好□　　一般损坏☑　严重损坏□　　危险房屋□			
权属	国有☑　　集体□　　个人□　　其他□			
稀有程度	保存完好的京张铁路旧址，颇具历史价值，保存数量有限			
现状评价	京张铁路旧址始建于1909年，正是詹天佑先生主持建造京张铁路的最后一年，目前建筑的整体结构保存完整，由两个院落构成。因实际需要，原有建筑功能已有所改变，建筑原有使用功能构件部分已经改建，已适应目前功能需要			
建筑风貌描述	建筑风貌保持完好，墙体、结构保存完整，建筑的门窗经过重新改造，建筑墙体由砖石构筑，院外刷有黄漆，院内则是原有颜色			
建筑艺术特征	☑ 1.1 反映一定时期的建筑设计风格，具有典型性 □ 1.2 建筑样式与细部等具有一定的艺术特色和价值 □ 1.3 反映所在地域或民族的建筑艺术特点 ☑ 1.4 在城市或乡村一定地域内具有标志性或象征性，具有群体心理认同感 □ 1.5 著名建筑师的代表作品 价值描述：1909年由詹天佑先生主持建造的京张铁路上新保安站车站旧址，建筑为典型民国时期传统建筑，保存完好			

续表

建筑历史 特征	☐ 2.1 与重要历史事件、历史名人相关联 ☑ 2.2 在城市发展与建设史上具有代表性 ☑ 2.3 在某一行业发展史上具有代表性 ☐ 2.4 具有纪念、教育等历史文化意义 价值描述：清末的京张铁路旧址，见证该地区的发展情况，为研究当地历史提供依据
科学技术特征	☑ 3.1 建筑材料、结构、施工技术反映当时的建筑工程技术和科技水平 ☐ 3.2 建筑形体组合或空间布局在一定时期具有先进性 价值描述：建筑结构、形式代表了民国时期的先进水平，具备当时比较先进的建筑技术，具有一定的研究意义
历史建筑价值 描述	该旧址位于新保安镇，占地1287.5m²，建筑面积1000m²，高3.5m，是目前京张铁路沿线保存较好的传统建筑。该建筑从最早的候车大厅，变成了铁路办公室，为更好使用候车室大厅大门被改造成了窗户。房顶原为老瓦房顶，但因损坏修建而改为彩钢屋顶，根据工作人员反馈，由于相关部门已经开始对此建筑开展保护工作，后期屋顶会恢复原有瓦顶形式
备注	

■ 照片信息

照 片	

拍摄内容说明　铁路	拍摄内容说明　院落

续表

照　片		

拍摄内容说明	外立面	拍摄内容说明	门窗

拍摄内容说明	门窗	拍摄内容说明	细部

4. 工业建筑

　　张家口市域内保存较好的工业建筑主要为20世纪我国工业大发展时期建设的大型工矿企业，此类型的建筑多以建筑群形式出现，部分为构筑物，体量较大，目前基本处在闲置状态。

（1）尚义县红土梁乡大阳坡村

■ 拟推荐历史建筑档案表

　　　河北省张家口市　尚义县（市、区）　　　　　　　　　　　　编号：103725003

建筑名称	煤矿（主体建筑）		建设年代	20世纪40～50年代
建筑类别	宅第民居□　　戏台祠堂□　　学堂书院□　　寺观塔幢□　　店铺作坊□ 堡门寨墙□　　牌坊影壁□　　桥涵码头□　　堤坝渠堰□　　池塘井泉□ 重要历史事件和重要机构旧址□　　文化教育□　　医疗卫生□　　金融建筑□ 军事建筑□　　工业遗存☑　　宗教建筑□　　其他建（构）筑□_____			
建筑风格	40～50年代北方传统煤矿厂房			

续表

位置	尚义 县（市、区） 红土梁 乡镇大阳坡村		
	用地中心点经度：114.148475　　纬度：40.979092		
占地面积	1690.8m²	建筑面积	1500m²
建筑高度	6m	建筑层数	1
主体材料	砖☑　　　石□　　　木□ 水泥□　　其他□	使用状况	商业□　　　居住□　　　展示□ 闲置☑　　　其他□
建筑质量	完好□　　基本完好□　　　一般损坏☑　　　严重损坏□　　　危险房屋□		
权属	国有□　　集体□　　　个人☑　　其他□		
稀有程度	保存较好的20世纪40～50年代北方煤矿厂房，保存数量有限		
现状评价	建筑整体结构完整，由一个大型厂房作为主体，砖石砌筑，屋顶为双坡瓦顶，旧时的高耸烟囱也未拆除，整体建筑极具年代感，建筑因年久闲置，目前建筑细部、屋顶瓦片、墙壁砖石已有部分脱落，颜色暗淡，同时建筑的多数窗户被砖石堵住，仅存木质大门，无法进入内部观察		
建筑风貌描述	建筑风貌保持较好，虽然墙体、结构、屋顶均有破损，但保存完整，建筑细部仍可得见，唯一可惜的是原有窗户已被封堵，建筑的颜色、体量没有变化，且与周边和谐，与历史符合		
建筑艺术特征	☑ 1.1 反映一定时期的建筑设计风格，具有典型性 □ 1.2 建筑样式与细部等具有一定的艺术特色和价值 □ 1.3 反映所在地域或民族的建筑艺术特点 ☑ 1.4 在城市或乡村一定地域内具有标志性或象征性，具有群体心理认同感 □ 1.5 著名建筑师的代表作品 价值描述：煤矿产业作为当时该地区的支柱产业，对于当地村民，该建筑代表了一代人的回忆。建筑目前整体结构保存完好，墙体由砖石砌筑，多年的风雨经历，使其显出比较独特的建筑肌理，呈现厚重、古朴之感。该建筑与周边建筑尺度一致，高低错落，十分和谐美观		
建筑历史特征	□ 2.1 与重要历史事件、历史名人相关联 ☑ 2.2 在城市发展与建设史上具有代表性 ☑ 2.3 在某一行业发展史上具有代表性 □ 2.4 具有纪念、教育等历史文化意义 价值描述：早期尚义煤矿设施，曾是尚义发展最好的地方，见证了该地区的发展情况，为研究当地经济、历史提供依据		

续表

科学技术特征	☑ 3.1 建筑材料、结构、施工技术反映当时的建筑工程技术和科技水平 □ 3.2 建筑形体组合或空间布局在一定时期具有先进性 价值描述：该工业厂房为砖混结构，目前建筑在结构上没有较大损坏，其大跨度结构工程代表了当时工业建筑的建造水平
历史建筑价值描述	红土梁乡矿区是我国工业大发展时期工业建筑群体的典型代表，除主厂区外，为配合矿区职工的生活，公共服务设施配置较为齐全，周边医院（职工医院）、食堂、家属区、学校等基本生活设计齐全，满足当时社会生活条件下矿区职工的生活，其条件远高于周边村镇。目前，矿区由于资源枯竭、环境保护等因素已经停用，但其整体生产生活区被完整保留，具有一定的历史和社会价值
备注	

■ 照片信息

照　片	

拍摄内容说明　外立面	拍摄内容说明　外立面

拍摄内容说明　周边	

（2）怀来县沙城镇纺织厂

■ 拟推荐历史建筑档案表

河北省张家口市　怀来县（市、区）　　　　　　　　　编号：13073003

建筑名称	转角楼（纺织厂）		建设年代	20世纪60～70年代
建筑类别	宅第民居□　　戏台祠堂□　　学堂书院□　　寺观塔幢□　　店铺作坊□ 堡门寨墙□　　牌坊影壁□　　桥涵码头□　　堤坝渠堰□　　池塘井泉□ 重要历史事件和重要机构旧址□　　文化教育□　　医疗卫生□　　金融建筑□ 军事建筑□　　工业遗存☑　　宗教建筑□　　其他建（构）筑□＿＿＿＿＿			
建筑风格	20世纪60～70年代服装厂和计生委			
位置	怀来县（市、区）沙城乡镇顺城街			
	用地中心点经度：115.521293　　纬度：40.397704			
占地面积	700m²	建筑面积		540m²
建筑高度	7m	建筑层数		2
主体材料	砖☑　　　石□　　木□ 水泥☑　　其他□	使用状况		商业☑　　居住□　　展示□ 闲置□　　其他□
建筑质量	完好□　　基本完好□　　一般损坏☑　　严重损坏□　　危险房屋□			
权属	国有□　　集体□　　个人☑　　其他□			
稀有程度	保存较好的北方20世纪60～70年代大型工业厂房，保存数量有限			
现状评价	20世纪60～70年代服装厂，后改为计生委，目前为家居卖场和个体户经营场所。该建筑结构保存完整，为二层转角式建筑，砖石砌筑，门窗多有破损，但依稀可见当年的景象			
建筑风貌描述	建筑外立面形式规整，砖混结构，外墙涂黄漆，一侧立面石刻"共产党万岁"字样，具有明显的时代特征			
建筑艺术特征	☑ 1.1 反映一定时期的建筑设计风格，具有典型性 □ 1.2 建筑样式与细部等具有一定的艺术特色和价值 ☑ 1.3 反映所在地域或民族的建筑艺术特点 □ 1.4 在城市或乡村一定地域内具有标志性或象征性，具有群体心理认同感 □ 1.5 著名建筑师的代表作品			

续表

建筑历史特征	☐ 2.1 与重要历史事件、历史名人相关联 ☑ 2.2 在城市发展与建设史上具有代表性 ☐ 2.3 在某一行业发展史上具有代表性 ☑ 2.4 具有纪念、教育等历史文化意义
科学技术特征	☑ 3.1 建筑材料、结构、施工技术反映当时的建筑工程技术和科技水平 ☐ 3.2 建筑形体组合或空间布局在一定时期具有先进性 价值描述：较为典型的砖混结构大跨度厂房形式、门窗形式和尺寸受结构的影响较大，反映了当时的建筑工程技术和水平
历史建筑价值描述	顺城街沙城镇历史年代较为久远的街巷，街道仍保留原有的历史格局，两侧建筑多为传统风貌建筑。转角楼位于街巷的中央位置，其体量和风貌与周边建筑差别较大，但其自身特有的历史风貌和历史功能，是不同时期不同建筑和功能在顺城街发展的产物，是顺城街乃至沙城镇历史变迁的见证
备注	

■ 照片信息

照 片	

拍摄内容说明 外立面	拍摄内容说明 外立面

续表

照　片

拍摄内容说明	外立面	拍摄内容说明	外立面

3.3

历史建筑保护与发展的现状问题分析

1. 历史建筑保存及保护现状

张家口市域历史建筑保存分布情况各县差别较大，保存状况较好、数量较多的区县基本集中在南部各县，其中桥西区、蔚县、阳原三区县数量最多，共计400处，占全部普查历史建筑数量的77.67%；其次是涿鹿、宣化、怀来。总体分布由西南向东北逐步递减。

（1）各区县保护情况差别较大，整体保存情况有待进一步提升

市域内历史建筑保存情况受到城市建设、经济发展、地形地貌、交通环境、保护意识等多方面的影响，各区县差别较大。同时，受各区县自身历史文化及发展程度的影响，各县历史建筑具有一定的文化特质，但整体保存情况有待进一步提升。多数保存较好的具有一定保护价值的建筑已经被评为文保单位或不可移动文物点。

保存情况分为以下三种：

第一，建筑使用情况良好，在日常维护中历史建筑价值基本得以保持与保护。此类建筑具有一定的功能局限，一般以居住建筑与宗教建筑为主。在日常使用中，对使用主体进行基本的维护和管理，使历史建筑基本保留其特色和价值，而一旦遇到建筑结构损坏或大

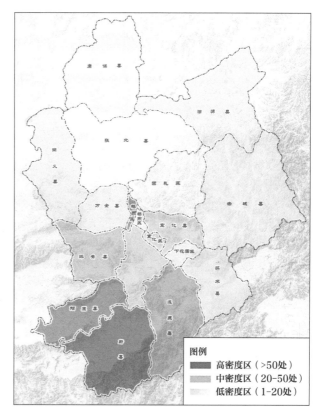

▶ 图3-6　张家口市各区县历史建筑密度分布示意图

▲ 图3-7　日常维护中历史建筑价值基本得以保持与保护

型维护工作时，历史建筑就面临保护性破坏的危险。

第二，对历史建筑进行一定保护，但保护技术有待进一步提升。对于已经进行维修的历史建筑，多数是对结构或者外立面进行个体保护修缮，没有关注历史建筑与周边环境的整体提升。

▲ 图3-8　日常维修和维护工作对历史建筑造成一定破坏

第三，无任何保护措施，建筑处于闲置、放置状态。此次对历史建筑普查过程中发现，闲置建筑主要分为两类，一类是住宅闲置情况，建筑所有人搬离原有居住地，外出定居或在周边区域新建住宅。另一类是建筑功能已经不能适应现代生活和生产从而形成的建筑闲置情况，如老戏台、停产工厂、乡村小学等，此类历史建筑多数为公共建筑，较少存在产权问题，保护发展潜力较大。

（2）历史建筑分布与历史文化区和历史文化带基本重合

对张家口市域内的历史建筑分布进行分析发现，历史建筑的分布较为明显地集中于桑干河—洋河文化带、京张铁路文化带、蔚县古村古堡文化区、张家口堡、宣化古城等承载了张

▲ 图3-9　处于闲置状态的戏台和学校

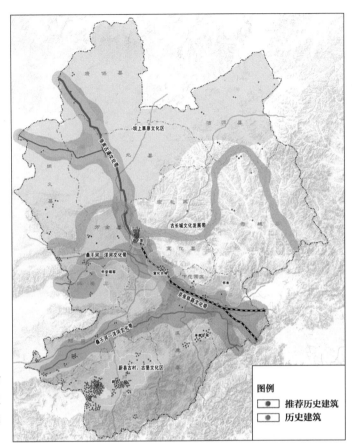

► 图3-10 张家口市域历史建筑分布与历史文化区和历史文化带关系图

家口路市历史文化的区带上，具有明显的文化特质。

（3）乡村历史建筑数量大，但保护发展条件不成熟

张家口市域历史建筑普查中，分布于乡镇的历史建筑数量共计344处，占比为66.79%，数量比例较高，是张家口市历史建筑的重要组成部分。造成乡村历史建筑在数量上有绝对优势情况的因素有很多，其最主要原因是多数乡村地处偏远，分布分散，经济发展水平相对较低，建设活动相对缓慢，促成具有一定历史价值的建筑被保留下来，其形式多为被动保留而非主动保护的结果。

与城区历史建筑的保存情况相比，乡村历史建筑保存情况主要有以下几个特点：

第一，从目前我国乡村历史建筑保存形式看，乡村住宅一部分由原有居住者进行日常维护正常使用外，一部分被改造成特色民宿、农家乐、特色餐饮、商铺等，发展农村旅游经济；其余历史建筑多数修缮后被开辟为农村文化礼堂、老年活动中心、农家书屋、专题陈列馆等公益性活动场所。张家口市域内的乡村历史建筑从县域范围看，各区县乡村内的历史建

◀ 图3-11　村庄外围大
型水利设施

◀ 图3-12　关闭的大型
煤矿

筑分散、独立，与周边环境或建筑相关性差，除日常居住外，多数村庄建设发展并未达到支撑历史建筑保护与发展的条件。因此，从村庄发展及历史建筑保护的角度看，其保护发展工作难以系统进行。

　　第二，历史建筑数量较多的区县，乡村历史建筑保存情况与区域经济发展情况、区位情况成正比。经济情况和区位情况相对较好的地区，建筑保存较好，规格较高，历史建筑损害基本为人为破坏。经济情况和区位情况较差的地区，建筑保存情况差，形制规格较低，基本为自然侵蚀损坏，闲置荒废较多。

　　张家口市域历史建筑保存最多的区县是蔚县，此次历史建筑普查蔚县共调查历史建筑312处，其中位于乡镇的历史建筑226处。由于蔚县是国家级历史文化名城，其历史文化由蔚县古城及其城外众多古堡构成。因此，历史建筑的保存情况呈明显的区域布置，多集中于保存较好的军堡与民堡中，并且建筑类型集中在民居、堡门、宗教建筑三类。从全县域范围看，经济和区位情况相对较好的村庄，其历史建筑规格及保存情况好于其他地区。

▲ 图3-13　蔚县中北部与南部典型民居

　　第三，张家口市域内历史建筑分布由西南部向北部逐渐过渡，数量减少。在历史建筑保存数量较少的区县，历史建筑的保留与保存基本在经济发展及交通条件相对落后的地区，且除部分民居外，历史建筑的闲置率较高。

▲ 图3-14　部分闲置民居现状

2. 历史建筑保存及发展问题总结

从全域范围看，虽然各区县历史建筑在数量、质量、保存情况等方面都有一定差别，但其面临的共性问题主要有以下几个方面，涉及保存保护、机制体制、群众意识、资金等内容。

（1）城市发展与历史建筑保护矛盾明显

张家口市域内历史建筑的保存，除个别区县如宣化、蔚县外，在城区保存数量比例相对较低，且受到城市发展与建设工作影响较大。随着我国城市建设节奏加快，一方面张家口市城市发展建设成效显著，城镇容貌得到有效提升，城市建设各项事业取得了重大进步，另一方面虽然在城市建设过程中对传统文化进行了保护，但对于未定级的传统风貌建筑也还是有部分破坏。

▲ 图3-15　张家口堡草厂巷建筑院落

（2）政策缺失导致历史建筑保护工作推进缓慢

相对于文物保护而言，张家口市历史建筑保护工作起步较晚。普查中发现，部分群众对自家有一定历史价值的建筑或院落有基本的保护意识，但因缺少正确的引导和相应的资金，在对生活质量提升有极大的需求的基础上，造成了部分历史建筑的建设破坏。同时，由于历史建筑保护发展政策工作的滞后，导致部分地段在开发建设时对历史建筑的保护无据可依，造成部分历史建筑被拆除。因此，张家口历史建筑保护工作急需要从申报程序、管理分工、行为约束、激励机制、资金保障、活化利用等方面全面推进。

张家口市历史建筑保护工作虽然起步较晚，但起步点高，可以借鉴国内历史建筑工作开展较早的城市，避免遇到其他城市在保护发展过程中遇到的种种问题，少走弯路。

（3）历史建筑保护意识相对缺乏

在历史建筑普查工作过程中，深切感受到各级各部门领导和工作人员对工作的支持和配合，以及调研区域群众的热情帮助，但存在部分部门工作人员及群众历史建筑保护意识相对

索 引 号：	000013338/2016-00247	主题信息：	城乡规划
发文单位：	中华人民共和国住房和城乡建设部办公厅	生成日期：	2016年07月18日
文件名称：	住房城乡建设部办公厅关于印发《历史文化街区划定和历史建筑确定工作方案》的通知	有 效 期：	
文　　号：	建办规函[2016]681号	主 题 词：	

住房城乡建设部办公厅关于印发《历史文化街区划定和历史建筑确定工作方案》的通知

各省、自治区住房城乡建设厅，直辖市规划委（规划国土局、规划局），北京农村工作委员会：

为贯彻落实《中共中央 国务院关于进一步加强城市规划建设管理工作的若干意见》（中发[2016]6号）提出的"用五年左右时间，完成所有城市历史文化街区划定和历史建筑确定工作"要求，我部制定了《历史文化街区划定和历史建筑确定工作方案》，现印发给你们，请认真落实。

中华人民共和国住房和城乡建设部办公厅
2016年7月18日

▲ 图3-16　建办规函【2016】681号

住房城乡建设部办公厅关于进一步加强历史文化街区划定和历史建筑确定工作的通知

建办规函[2017]270号

各省、自治区住房城乡建设厅、直辖市规划委（规划国土委、规划局），新疆生产建设兵团建设局：

为了贯彻落实中央城市工作会议部署和《住房城乡建设部办公厅关于印发<历史文化街区划定和历史建筑确定工作方案>的通知》（建办规函[2016]681号）有关要求，保障按时完成历史文化街区划定和历史建筑确定任务，现就进一步做好相关工作通知如下。

一、全面完成普查工作

各地要在前段工作基础上，全面开展现场普查和田野调查，对历史文化街区、历史建筑的潜在对象进行摸底。各省（区、市）住房城乡建设（规划）主管部门应于2017年8月底前完成普查工作，并将普查报告于2017年9月20日前报我部城乡规划司。普查报告内容应包括总体普查情况、分市县的详细普查情况、分市县的历史文化街区和历史建筑潜在对象摸底名单。

二、规范划定和确定工作

在普查工作的基础上，参照《历史文化街区划定标准（参考）》（附件）、《历史建筑确定标准（参考）》（详见建办规函[2016]681号文件附件5），及时划定符合标准的历史文化街区、确定符合标准的历史建筑。历史文化街区须经省（区、市）人民政府核定公布，历史建筑须经城市（县）人民政府确定公布。今年确保完成工作比例不低于60%。

▲ 图3-17　建办规函【2017】270号

缺乏的情况。

主要体现在以下几个方面：第一，对历史建筑概念不了解、不明确。不能较为合理地认识历史建筑的价值，往往觉得一些“破”建筑不值得保护和不应该保护。第二，对历史建筑的保护目的不清楚，认为对历史建筑的保护阻碍城市建设、阻碍城市发展。第三，对历史建筑存在一定保护意识，但保什么、怎么保、找谁保等问题得不到解决，部分保护工作对历史建筑造成保护性破坏。

（4）历史建筑保护资金严重缺乏

目前，从此次历史建筑普查来看，张家口市域内历史建筑的维护与修缮的资金，基本为建筑所有人的日常维护投入，历史建筑保护修缮的资金补助目前还没有相关规定。

Chapter 4
第 4 章

历史建筑
认定研究

◀宣化区中二教室

4.1

———

历史建筑
认定条件

住房和城乡建设部办公厅关于印发《历史文化街区划定和历史建筑确定工作方案》通知中明确提出了"历史建筑确定标准（参考）"：

具备下列条件之一，未公布为文物保护单位，也未登记为不可移动文物的建筑物、构筑物等，经城市、县人民政府确定公布，可以确定为历史建筑：①具有突出的历史文化价值：与重要历史事件、历史名人相关联；在城市发展与建设史上具有代表性；在某一行业发展史上具有代表性；具有纪念、教育等历史文化意义。②具有较高的建筑艺术价值：反映一定时期的建筑设计风格，具有典型性；建筑样式与细部等具有一定的艺术特色和价值；反映所在地域或民族的建筑艺术特点；在城市或乡村一定地域内具有标志性或象征性，具有群体心理认同感；著名建筑师的代表作品。③体现一定的科学技术价值：建筑材料、结构、施工技术反映当时的建筑工程技术和科技水平；建筑形体组合或空间布局在一定时期具有先进性。④具有其他价值特色的建筑。

各地在开展历史建筑调查及保护工作时通常结合自身城市发展、建筑保存情况、经济条件等相关因素，以此为基础制定适合自身情况的认定条件。

4.1.1 国内部分省、市历史建筑认定条件分析

我国已有部分城市开展了历史建筑认定工作，例如上海、天津、广州、杭州等。河北省也出台了历史建筑认定和保护的相关规定和文件，对认定条件、修缮要求及保护与发展利用都提出了具体要求。本次研究收集整理了河北省及部分城市历史建筑的认定条件，并对不同城市的历史建筑认定条件进行了分析研究。

通过收集、对比、分析各地的历史建筑认定条件，不难发现，与文物相似，历史建筑评价基本围绕历史价值、科学价值及艺术价值三个方面。对建筑年代没有具体要求，各省在其自身条件基础上自行划定或不划定。因此，与文物保护单位相比，历史建筑虽未认定为文物保护单位，但也存在一定的保护价值，是地方文化、民俗、乡愁的重要载体。

◆ 国内部分省、市历史建筑认定条件一览表 表4-1

省市	颁布时间	建成年限要求	其他条件
河北省	2012.05.15	未规定	（1）建筑样式、材料、施工工艺等有特色或研究价值； （2）与著名人物故居、旧居、纪念地及与历史事件相关； （3）在社会各领域中有代表性且结构和形式基本完整的； （4）著名建筑师的代表作品； （5）其他需要认定的有历史、文化价值的建（构）筑物
上海市 （名城）	2002.07.25	30年以上	（1）建筑样式、材料、施工工艺等有特色或研究价值； （2）反映地域特点； （3）著名建筑师的代表作品； （4）有代表性的产业建筑； （5）其他具有历史文化意义的建筑
天津市 （名城）	2005.07.20	50年以上	（1）建筑样式、材料、施工工艺等有特色或研究价值； （2）反映历史文化和民俗传统，具有时代特色和地方特色； （3）有异国建筑风格； （4）著名建筑师代表作； （5）有特殊纪念意义； （6）有代表性的产业建筑； （7）名人故居； （8）其他有特殊历史意义的建筑
重庆市 （名城）	2018.09.01	30年以上	（1）建筑的布局和空间组合能反映重庆市地方或民族传统社会的发展、社会或家庭的礼仪秩序及使用功能； （2）反映重庆地域的地形、气候等环境因素的适应性； （3）反映重庆民间流传下来的传统建筑体系及技术工艺； （4）著名建筑师在渝代表作；在重庆产业发展史上具有代表性的厂房、仓库、作坊和商铺； （5）与重要历史事件和历史人物关联的建筑； （6）其他具有重要历史文化价值、建筑艺术价值的建筑
广州市 （名城）	2013.11.25	30年以上	（1）反映历史文化和民俗传统，有时代特征和地域特色； （2）建筑样式、材料、施工工艺等有特色或研究价值； （3）与重要历史事件或著名人物相关； （4）代表性、标志性建筑或著名建筑师代表作品； （5）其他有历史文化意义的建筑物、市政设施、园林等
		不满30年	符合前款特征之一，突出反映地方时代特征的

续表

省市	颁布时间	建成年限要求	其他条件
杭州市（名城）	2004.11.12	50年以上	具有历史、科学、艺术价值，体现城市传统风貌和地方特色，或具有重要的纪念意义、教育意义
		不满50年	有特别研究价值和保护价值，也可被公布为历史建筑
青岛市（名城）	2013.03.17	未规定	（1）反映城市发展历程，有时代特征或标志性建（构）筑物； （2）与历史事件相关； （3）构成历史城区整体风貌； （4）体现城市地域特色； （5）名人故居、旧居； （6）有代表性的产业建； （7）其他具有保护价值的建（构）筑物
齐齐哈尔市（名城）	2012.05.29	30年以上	（1）建筑样式、材料、施工工艺等具有特色或研究价值； （2）反映地域建筑特点或政治、经济、历史文化特点； （3）著名建筑设计师作品； （4）著名人物故居、旧居和纪念地或具有某一历史时期特征的； （5）在本市各行业发展史上有代表性的； （6）其他具有历史文化价值的建（构）筑物
扬州市（名城）	2011.11.29	未规定	（1）建筑样式、材料、施工工艺等有艺术特色和科学价值； （2）能反映扬州历史文化特点、民俗传统和传统手工技艺，有时代特色和地域特色的； （3）著名建筑师的代表作品； （4）与著名人物的故居、旧居和重大历史事件有关的； （5）其他体现地方历史文化价值的建（构）筑物

综合各地的历史建筑的认定条件，主要有：

①建筑样式、材料、施工工艺等有特色或研究价值的；

②有特定时代特征和地方特色的；

③与重要政治、文化、军事等历史事件或著名人物相关的；

④著名人物的故居、旧居、纪念地；

⑤著名建筑师的代表作品；

⑥在社会各领域发展过程中有代表性的；

⑦代表性、标志性建（构）筑物；

⑧其他具有保护价值的建（构）筑物。

4.1.2 张家口市历史建筑认定原则及条件

1. 认定原则

①遵从认定条件，宽严适当原则

在认定过程中，要始终遵从认定条件，同时考虑实际情况，严宽适度，防止遗漏任何具有保护价值的建筑。

②综合评价，突出特色原则

对建筑的建成时间、保存状况、风貌特征、建造工艺、建筑规模、建筑所处区位和与其关联的人文逸事等多方面价值进行全面考虑、综合评价的基础上，突出考虑建筑独特的、反映地域特点的价值特色。

③便于保护实施，可操作性原则

在选取历史建筑认定指标时，既要与认定条件相衔接，又要考虑数据的可获取性；在构建评价指标体系时，既要全面反映建筑各方面的价值，又要考虑定量评价的可行性；在制定历史建筑保护对策时，既要考虑历史建筑更新和发展建设的需要，又要考虑历史建筑保护的可操作性。

2. 认定条件

依据《历史文化名城名镇名村保护条例》、《河北省历史文化名镇名村保护办法》、《河北省历史建筑确定和保护技术规定（暂行）》等规定，结合张家口的实际情况，从不同历史文化背景、经济发展状况、区位交通条件、保护保存情况等多方面，确定多时期、多风格、多特色、多文化的历史建筑认定条件：

（1）建成30年以上

①反映张家口历史文化和民俗传统，具有特定时代特征和地域特色；

②建筑样式、材料、施工工艺或者工程技术反映张家口建筑历史文化特点、艺术特色或具有一定的研究价值；

③与重要政治、文化、军事等历史事件相关的建（构）筑物；

④代表性、标志性建（构）筑物或名人故居、旧居、纪念地；

⑤其他具有历史文化意义的建（构）筑物。

（2）建成不满30年

符合前款特征之一，突出反映张家口历史文化特点的建（构）筑物。

4.1.3　张家口历史建筑筛查结果

本次研究在普查目标建筑中筛选出历史建筑共计515处，其中，蔚县312处（包含蔚县已公布历史建筑40处）、桥西区53处、阳原县35处、涿鹿县27处、怀安县15处、沽源县11处、尚义县11处、怀来县10处、宣化区9处、万全区7处、赤城县7处、康保县6处、下花园区4处、桥东区5处、崇礼区3处。

4.2

价值评价指标体系

4.2.1　历史建筑价值评价指标的确定原则

1. 完整性原则

历史建筑价值评价体系作为一个有机整体，不但应该从各个不同角度反映出历史建筑本体价值的评价特征和状况，而且还要能够体现出与历史建筑相关的其他价值特征，同时应该避免指标之间的重叠，选择主要指标，剔除次要指标，使评价目标和评价指标有机联系起来，组成一个层次明确的整体，保证对历史建筑价值的整体认识。

2. 客观性原则

客观性原则要求所选指标能全面、客观地反映设计该指标的目的、作用与功能。选择历史建筑评估指标必须从客观实际出发，克服因人而异的主观因素的影响，以求对历史建筑价值情况有一个客观真实的评估，全面准确地反映历史建筑保护与发展的状况。

3. 可比性原则

可比性包括两方面：一是纵向可比，即不同时间和空间范围上的可比性；二是横向可比，即不同地区、不同产业或行业之间的可比性。可比性原则要求历史建筑评估指标应该能反映历史建筑保护与发展的共性特征，既能测度历史建筑价值的某一侧面，又能进行项目间的横向比较，各指标除反映各自特征之外，相互之间也需存在可比较性。

4. 独立性原则

构建的评价指标体系的结构层次要清晰，指标间尽量独立，避免相互关联造成冗余，防止评价结果因指标间的相互关系产生倾向性，为了保证最终评估的客观真实有效。对于那些不可避免的重叠，可从关联影响矩阵入手对权重进行修正。

4.2.2 历史建筑价值评价方法

对目前已有相关领域价值评价体系研究成果的系统整理与归纳得出，对资源价值评估的主体主要包括传统村落、非物质文化遗产、古村落、森林资源、建筑遗产以及景观类型等，对历史建筑的价值评估主要集中于"AHP-模糊综合评价法"以及"雷达图法"和"熵值法"。通过对具体评价方法的解读和对比分析，详细判断了不同主体背景下价值评估方法的适用性和基础数据源要求，并结合目前张家口市域历史建筑价值构成要素及相关调查收集数据情况，综合各因素选取相应的评价方法。

◆ **历史建筑价值评价方法必选表**　　　　　　　表4-2

目前使用领域	评价方法	方法适用
非物质文化遗产的旅游价值评估	采用SPSS因子分析（调查问卷：旅游者价值、传承人价值、居民价值以及政府）	反映多项指标因子的相关性，将多个相关的变量进行数据处理转化成为不相关的几个主要综合指标，总结出主要的影响指标
非物质文化遗产、古村落综合价值、传统村落资源价值、历史建筑价值评估	采用AHP-模糊综合评价法＋罗森伯格—菲什拜因数字模型	AHP法的数据基础在于逐层、分别比较各因素的重要性程度，得到评价指标中的每层次中各因子两两比较形成的重要性程度等级，确定评价指标的权重，并对评价结果进行综合测度（主观赋值法）
森林游憩资源价值评估	采用条件价值法（CVM）——问卷调查+logistic模型	对环境等具有无形效益的公共物品进行价值评估，主要利用问卷调查的方式直接考察受访者在假设性市场里的经济行为，以得到消费者的支付意愿来评估商品或服务的价值（需要详尽的问卷调查及经济型指标支撑）

目前使用领域	评价方法	方法适用
建筑遗产价值评估	采用雷达图法和熵值法	熵值赋权法依据各价值指标提供的信息大小确定权重，价值信息的有序度越高，信息熵就越大，效用价值就越小，反之亦然；熵值法的这种特点能够参考评价指标的效用价值来确定指标权重的方法，降低了主观因素的影响（需要详尽的数值型数据）。雷达图分析法具有直观、形象的特点，适合于对多属性、多维度描述的对象做出整体性评价，它能够清晰地反映建筑遗产多个价值维度指标的变化规律，直观地看出各个指标间的差距（图示表达）
传统村落景观类型及其保护策略	采用k-modes聚类	k-modes算法能够处理分类属性型数据。k-modes算法采用差异度来代替k-means算法中的距离，k-modes算法中差异度越小，则表示距离越小

本次张家口市域历史建筑评价主要指标体系的建立选择德尔菲法，即专家规定程序调查法。由项目组针对张家口市历史建筑普查筛选情况拟定若干评价指标，并向专家征询意见，经过几次反复征询和反馈，专家组成员的意见逐步趋于统一，最后获得具有很高准确率的集体判断结果。

确定各项指标权重（即评价方法）选择AHP法，即层次分析。将若干因素对同一目标的影响归结为确定它们在目标中占的比重，最终叠加各项指标的权重即分值。

4.2.3 历史建筑价值评价指标的分析与构建

1. 历史建筑价值评价指标的分析研究

通过对杭州、柳州、青岛、武汉及沈阳等地的历史建筑评价指标进行研究，分析各地指标差异之间的关系，得出目前已有评价指标呈现两点特征：第一，历史建筑评价指标体系中，一级指标层涵盖维度多元，包括历史价值、建筑艺术、环境区位、社会价值、科学价值、经济价值及使用价值，进而可将其归纳为本体价值和其他价值，二者构成了历史建筑评价指标体系；第二，城市发展过程中由于历史背景的差异，受不同文化的影响，历史文化对建筑的影响亦不尽相同，尤其是历史遗存或资源点与建筑的联系和影响体现得最为明显，因此在研究历史建筑评价值指标中，各地会根据其自身历史建筑的价值构成个性特征，综合考虑指标的筛选，例如杭州京杭大运河沿线历史建筑现代适应性评价指标中增加了运河文化背景下沿线历史建筑的价值特征指标等。

2. 历史建筑价值评价指标体系的构建

历史、科学、艺术、文化、社会价值是《保护世界文化和自然遗产公约》和《中华人民共和国文物保护发》中公认的建筑遗产五大价值。此外，为提高历史建筑保护与利用的可操作性，综合历史建筑现状保存情况，基本形成建筑本体价值（有形价值）、其他价值（无形价值和保存情况）两大方面建筑指标体系。评价体系强调对历史建筑本体完整性的评估和考量，充分反映历史建筑保存保护和利用的状况。历史建筑的评价主要包括历史文化、科学技术、建筑艺术、交通及环境、社会价值以及使用价值六个方面，作为认定评价指标体系的一级指标。依据《传统村落评价认定指标体系（试行）》、《河北省历史建筑认定和修缮保护技术规定》和张家口市历史建筑认定条件，对应以上六个方面，确定了18项二级指标。并在此基础上，详细阐述了各二级指标的分值区间属性。

◆ **张家口市历史建筑认定评价指标的选取**　　　　表4-3

一级指标（A）		二级指标（B）	
本体价值			
历史文化	A01	建筑年代	B01
		相关历史名人及事件	B02
		张家口城市发展代表	B03
		行业代表	B04
科学技术	A02	代表一定时期建筑风格	B05
		建筑细部样式有价值	B06
		具备民族、地域特点	B07
		具有标识认同感	B08
建筑艺术	A03	结构材料施工水平	B09
		形体结合空间布局	B10
其他价值			
交通及环境	A04	交通可达性	B11
		历史环境完好度	B12
		与周边环境协调度	B13
社会价值	A05	社会情感依托度	B14
		个人情感依托度	B15
		可用于宣传教育潜力	B16
使用价值	A06	现状使用合理程度	B17
		再利用潜力	B18

3. 历史建筑价值评价指标权重分析

采用德尔菲法请专家对历史建筑价值评价的指标进行逐一打分，最终形成50份数据样本，并采用AHP法对指标进行权重计算。

◆ 张家口市历史建筑认定评价指标权重数据表　　　　　　　表4-4

	一级指标（A）			二级指标（B）		
本体价值	A01	历史文化	26	B01	建筑年代	7
				B02	相关历史名人及事件	6
				B03	张家口城市发展代表	7
				B04	行业代表	6
	A02	科学技术	23	B05	代表一定时期建筑风格	7
				B06	建筑细部样式有价值	6
				B07	具备民族、地域特点	5
				B08	具有标识认同感	5
	A03	建筑艺术	10	B09	结构材料施工水平	5
				B10	形体结合空间布局	5
其他价值	A04	交通及环境	13	B11	交通可达性	4
				B12	历史环境完好度	5
				B13	与周边环境协调度	4
	A05	社会价值	15	B14	社会情感依托度	6
				B15	个人情感依托度	4
				B16	可用于宣传教育潜力	5
	A06	使用价值	13	B17	现状使用合理程度	6
				B18	再利用潜力	7

◆ 张家口市历史建筑认定评价指标打分细化表　　　　　　　表4-5

一级指标	二级指标		选项				得分
历史文化	建筑年代	B01	清代及以前	民国时期	中华人民共和国成立至20世纪70年代	20世纪80年代及以后	
			6-7分	5-6分	4-5分	3-4分	
	A01		全国知名人与事	地方知名人与事	一般人与事	无记载	
	相关历史名人及事件	B02	5-6分	4-5分	2-4分	0-2分	

续表

一级指标	二级指标		选项				得分
历史文化 A01	张家口城市发展代表	B03	重大影响	较大影响	一般性影响	无影响	
			6-7分	5-6分	4-5分	3-4分	
	行业代表性	B04	具有典型的行业代表性	具有较强的行业代表性	只有部分具有行业代表性	无记载	
			5-6分	4-5分	2-4分	0-2分	
建筑艺术	代表一定时期建筑风格	B05	典型	较典型	一般	普通	
			6-7分	5-6分	4-5分	3-4分	
A02	建筑细部样式有价值	B06	极高	较高	一般	无	
			5-6分	4-5分	2-4分	0-2分	
	具备民族、地域特点	B07	典型	较典型	一般	普通	
			4-5分	3-4分	2-3分	1-2分	
	具有标识认同感	B08	极高	较高	一般	无	
			4-5分	3-4分	2-3分	1-2分	
A03	结构材料施工水平	B09	高	较高	一般	差	
			4-5分	3-4分	2-3分	1-2分	
	形体结合空间布局	B010	高	较高	一般	差	
			4-5分	3-4分	2-3分	1-2分	
交通及环境 A04	交通可达性	B011	方便	较方便	一般	不方便	
			3-4分	2-3分	1-2分	0-1分	
	历史环境完好度	B012	好	较好	一般	无历史环境	
			4-5分	3-4分	2-3分	1-2分	
	与周边环境相协调	B013	协调	较协调	部分不协调	完全不协调	
			3-4分	2-3分	1-2分	0-1分	
社会价值 A05	社会情感依托度	B014	重要	较重要	一般	无关系	
			5-6分	4-5分	2-4分	0-2分	
	个人情感依托度	B015	重要	较重要	一般	无关系	
			3-4分	2-3分	1-2分	0-1分	
	可用于宣传教育潜力	B016	重要	较重要	一般	无关系	
			4-5分	3-4分	2-3分	1-2分	
使用价值 A06	现状使用合理程度	B017	合理	较合理	需调整	急需改变使用功能	
			5-6分	4-5分	2-4分	0-2分	
	再利用潜力	B018	高	较高	低	无	
			5-7分	3-5分	1-3分	0-1分	

4.3

**历史建筑的
分级与分类**

本次研究通过对张家口市历史建筑价值评价指标的分析与评价打分，最终将其划分为一级历史建筑、二级历史建筑和三级历史建筑三个等级。

其中，张家口市域划分为一级历史建筑的个数为256个，指标评价总分值在71~100分之间。其文化价值、建筑艺术价值、科学技术价值等建筑本体价值较高，是张家口城市发展过程中建筑的典型代表，具有较强的保护意义。同时，建筑本身保存情况较好，区位条件相对优越，进行保护利用潜力高，具有一定的宣传教育意义，应充分对其保护和利用，并与现代功能和需求相适应。

二级历史建筑248个，指标评价总分值在41~70分之间。其文

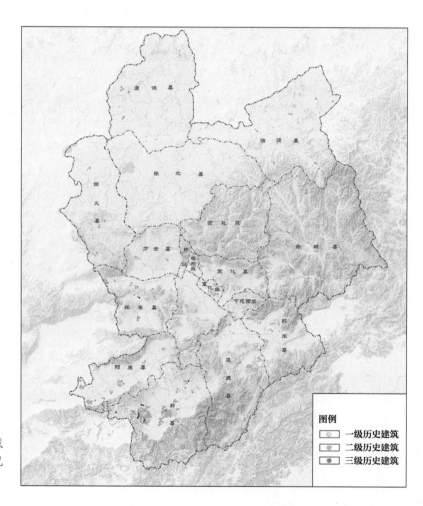

▶ 图4-1 张家口市域
历史建筑分级保存情况
示意图

化价值、建筑艺术价值、科学技术价值等建筑本体价值一般，虽有张家口城市发展过程中典型建筑的一些特征，但保存保护情况一般。同时，二级历史建筑具备一定的保护利用价值及潜力，但并不能完整体现张家口历史文化，宣传教育价值有限，可进一步挖掘其历史价值。

三级历史建筑11个，指标评价总分值在0~40分之间。其在文化价值、建筑艺术价值、科学技术价值三方面价值中具有某一方面的价值，建筑保存保护情况较差，濒临坍塌或已经部分新建，部分将会自然消亡。

4.4

第一批推荐历史建筑

在对历史建筑分级统计的基础上，从一级历史建筑中筛选第一批推荐历史建筑开展组织上报工作。为各区县进一步开展推荐历史建筑申报工作起到一定的指导作用，并使历史建筑的申报更为灵活，易于推进。

（1）历史建筑在历史文化价值、建筑艺术价值、科学技术价值三方面有较为突出的特征，较其他各级历史建筑有较高的本体价值。

（2）名人故居、京张铁路旧址等为张家口市其他行政主管部门已经投入人力、物力、财力进行保护修缮的非文物保护单位，具有深厚的保护基础及群众基础。

（3）历史建筑所处历史环境非常有利于其保护与发展，且自身价值较高，能够促进区域文化提升。

（4）在普查中发现产权问题、拆迁问题较为突出的建筑未列入此次第一批推荐历史建筑名单。

根据以上条件分析，共筛选第一批推荐历史建筑72处。

赤城县云州乡杨来文宅

桥东区原解放军251医院浴室

桥西区堡子里鼓楼东街28号

尚义县小蒜沟镇勿乱沟大桥

蔚县涌泉庄乡刘振江老宅

下花园区定方水村郭净中宅

宣化二中礼堂及四排教室

阳原县浮图讲乡玉皇阁

▲ 图4-2　张家口第一批推荐历史建筑（部分）

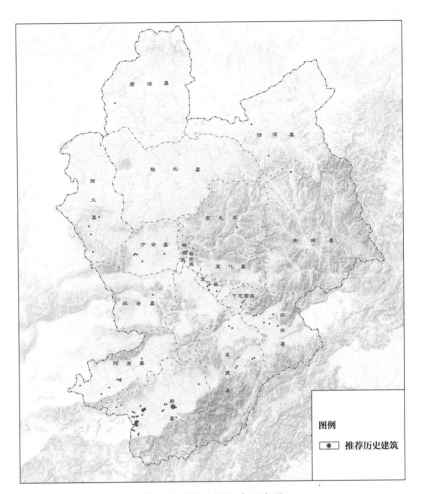

▲ 图4-3　张家口市域推荐历史建筑空间分布示意图

Chapter 5
第5章

历史建筑保护与
发展的策略研究

◀怀来县京张铁路新保安镇车站旧址

5.1

历史建筑保护与发展的基本原则

统筹规划：全面统筹全域历史建筑整体考虑其保护发展。

应保尽保：深入挖掘建筑价值应保尽保不遗漏。

合理利用：以保护为基础充分合理利用延续历史和记忆。

科学管理：建立科学合理的管理体系全面促进保护发展。

5.2

历史建筑保护与发展的总体框架

张家口市历史建筑保护与发展的总体目标是摸清家底、全面保护、整体发展、文化传承、动态利用。实现物质形态和文化形态的协调，文化不可以离开物质形态而单独存在，面对目前传统文化物质载体逐渐消失的状态，规划以"应保尽保"为原则，尽可能保护张家口的历史建筑，并进行合理的功能利用，以文化为发展动力，提升城市活力，促进城市经济增长，提升城市居民生活质量。一方面以文化促经济，另一方面以文化促进城市建设，增进城市社会凝聚力，提升城市竞争力。"文化软实力"在经济建设和社会发展中起着重要作用，对文化资源的保护与传承，无疑是提升文化软实力的有效途径，也是文化强市的重要组成部分和坚实基础。

因此，需从历史建筑价值的分级、发展体系的建构、保障机制的建立等方面构架起适应张家口地区历史建筑保护与发展的总体框架。

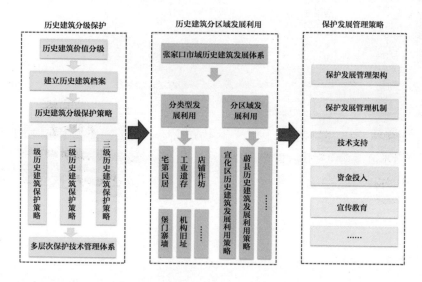

► 图5-1 张家口市历史建筑保护与发展总体框架

5.3

————

历史建筑保护
与发展策略

5.3.1 历史建筑的分级保护与分类型分区发展利用策略

1. 历史建筑保护发展整体策略

（1）历史建筑保护与发展并重

历史建筑蕴含着城市的文化元素，是城市最珍贵的历史记忆，要本着对历史负责、对人民负责的精神，处理好城市改造开发与历史建筑保护利用的关系，坚持在保护中发展，在发展中保护，延续好张家口特有的城市"基因"，传承好张家口的历史文脉和文化记忆。要利用好历史建筑的价值，支持和鼓励历史建筑的合理利用，丰富业态，活化功能，提升城市品位和内涵。

（2）建筑保护要强调整体性

历史建筑的整体保护既包括了对其自身结构体系、外部风貌及内部装饰装修等的保护，又包括了对其周边历史树木、开敞空间、标识标志、围墙及铺地等历史环境要素的保护；既包括了对与其相关的历史事件、名人事迹等非物质文化信息，以及与之相关的历史器物及生产工具、产品等可移动遗产的保护，又包括了对其历史功能的延续、周边历史风貌的再现等。

（3）注重价值评估下的真实保护

历史建筑与文物建筑保护最大的区别是保护关注的重点不同。文物建筑保护更多的是关注文物建筑本体，周边的历史环境要素均为文物建筑本体价值的保护服务；历史建筑保护则更加注重其群体价值及其在区域保护中的重要地位。延续历史建筑的风貌特征、尽可能地保护历史建筑自身价值的真实性是历史建筑的保护重点。其中，历史建筑自身价值的真实性既包括建筑载体的真实性，又包括与建筑载体相关的历史信息的真实性。

2. 历史建筑分级保护策略

"使用不可移动文物，必须遵守不改变文物原状的原则，负责保护建筑物及其附属文物的安全，不得损毁、改建、添建或者拆除不可移动文物。"《文物保护法》对各级不可移动文物的保护与使用有明确的规定，注重文物原状的保护，对其修缮部分需要与原有部分区别开。与文物保护单位不同，历史建筑在保护中更加强调保护与发展的结合，强调发挥历史建筑的价值和意义，对其保护与发展工作及技术相对灵活，但也是建立在充分保护和尊重历史建筑本体价值和历史环境价值的基础上。

因此，张家口历史建筑的保护在强调价值评估的同时，将历史建筑分为三级进行保护，针对不同等级的历史建筑，从整体保护策略、保护要求、保护措施、日常维护以及周边环境等五个方面提出保护策略。

（1）一级历史建筑

就本次历史建筑普查工作统计，张家口市域内一级历史建筑256个，占全部普查建筑总数的49.71%。此类历史建筑综合价值较高，需要对其进行重点保护、重点利用。

一级历史建筑是区域保护发展中进行保护利用的重点部分，部分建筑可申报文物保护单位。对于一级历史建筑，在保护要求上主要有以下三点：

①不得改变建筑外部造型、饰面材料和色彩；

②不得改变建筑内部主要结构体系、平面布局和有特色的装饰，建筑内部其他部分允许做适当改变；

③不得拆除、迁移建筑，确因国家重点工程、重大市政基础设施需要拆除、迁移的，应当举行听证并报市政府批准，待工程建设结束后再原址或异地迁建保护及利用。

同时，坚持最低干预的原则，以日常保养、防护加固为主，及时对破损部位进行修缮、加固，防止建筑进一步损伤，适度更新基础设施以满足现代使用需求。同时，进行必要的周期性的日常维护，对建筑中存在安全隐患的，对必须采取措施加以解决的部位进行加固、稳定、支撑、防护、补强，且加固措施应隐蔽。

（2）二级历史建筑

张家口市域内二级历史建筑共248个，占全部普查建筑总数的48.16%。此类历史建筑因综合价值处于中等，能够反映部分历史特色，较一类建筑保护利用手段更为灵活，是历史建

▲ 图5-2　一级历史建筑

▲ 图5-3　二级历史建筑

筑区域保护发展中重点发展利用的部分。

　　二级建筑因本体价值或保存情况较一级建筑有一定差距，因此，以现状修缮为主，在不破坏现有结构、不增添新构件、基本保持现状的前提下，归整坍塌、错乱的构件，修补少量残损部分，清除无价值的添加物。在保护要求上主要有以下三点：

　　①不得改变建筑外部造型、饰面材料和色彩；

　　②不得改变建筑内部主要结构体系和有特色的装饰，建筑平面布局和建筑内部其他部分允许做适当改变；

　　③不得拆除、迁移建筑，确因国家重点工程、重大市政基础设施建设需要拆除、迁移的，应当报市人民政府批准，待工程建设结束后再原址或异地迁建保护。同时，进行必要的周期性日常维护，不能拆除，对建筑中影响结构安全的部位进行加固支撑。

　　（3）三级历史建筑

　　张家口市域内三级历史建筑共11个，占全部普查建筑总数的2.13%。此类建筑价值较低，但具有一定的历史性。其主要意义在于表现原有的低级别的历史建筑特征，体现地域的特点。应当采取重在保留、延续生存的措施。

▲ 图5-4　三级历史建筑

◆ 历史建筑分级保护策略一览表　　　　　　　　表5-1

策略	一级历史建筑	二级历史建筑	三级历史建筑
保护策略	此类历史建筑综合价值较高，需要对其进行重点保护、重点利用，是区域保护发展中进行保护利用的重点部分，部分建筑可申报文物保护单位	此类历史建筑因综合价值处于中等，能够反映部分历史特色，较一类建筑保护利用手段更为灵活，是历史建筑区域保护发展中重点发展利用的部分	此类建筑价值较低，但具有一定的历史性。其主要意义在于表现原有的低级别的历史建筑特征，体现地域的特点。应当采取重在保留、延续生存的措施，不能拆除
保护要求	1. 不得改变建筑外部造型、饰面材料和色彩； 2. 不得改变建筑内部主要结构体系、平面布局和有特色的装饰，建筑内部其他部分允许做适当改变； 3. 不得拆除、迁移建筑，确因国家重点工程、重大市政基础设施需要拆除、迁移的，应当举行听证并报市政府批准。待工程建设结束后再原址或异地迁建保护及利用	1. 不得改变建筑外部造型、饰面材料和色彩； 2. 不得改变建筑内部主要结构体系和有特色的装饰，建筑平面布局和建筑内部其他部分允许做适当改变； 3. 不得拆除、迁移建筑，确因国家重点工程、重大市政基础设施建设需要拆除、迁移的，应当报市人民政府批准，待工程建设结束后再原址或异地复建保护及利用	1. 采用局部保护的方式，不削弱建筑物的保护价值； 2. 不改变历史建筑的外部造型、色彩和重要饰面材料的前提下，允许对建筑内部结构和装饰进行改变
保护措施	坚持最低干预的原则，以日常保养、防护加固为主，及时对破损部位进行修缮、加固，防止建筑进一步损伤，适度更新基础设施以满足现代使用需求	以现状修缮为主，在不破坏现有结构、不增添新构件、基本保持现状的前提下，归整坍塌、错乱的构件，修补少量残损部分，清除无价值的添加物	以重点修复为主，包括恢复结构的稳定状态，增加必要的加固结构，修补损坏构件，填补缺失的部分
日常维护	进行必要的周期性日常维护，对建筑中存在安全隐患的，必须采取措施加以解决的部位进行加固、稳定、支撑、防护、补强，加固措施应隐蔽	进行必要的周期性日常维护，不能拆除，对建筑中影响结构安全的部位进行加固支撑	进行必要的周期性日常维护，保证建筑安全
周边环境	消除环境中各种危及建筑安全和健康存在的因素，划定适当的保护范围，并建议制定建设控制地带，从色彩、体量、形态等多个方面对周边环境进行整治	消除环境中各种危及建筑安全和健康存在的因素，通过对建筑的保护和利用使其能够满足环境的整体性要求	通过对建筑的保护和利用使其能够满足环境的整体性要求。必要时可以进行适当改造

3. 历史建筑分类型发展利用策略

在满足各项保护要求的基础上，对历史建筑的有效利用是充分发挥其历史教育价值、经济价值及景观价值，实现持续保护目标的最佳方式。但是每个建筑遗产受到其自身空间及结构特征、地理区位条件、空间布局特征、现状使用状况等条件的影响，对现代城市功能的适应程度也不尽相同。

根据对张家口历史建筑普查结果进行的分析得出，此次历史建筑的使用功能类型含宅第民居（279处，占54.17%）、宗教建筑（103处，占20.00%）、公共建筑

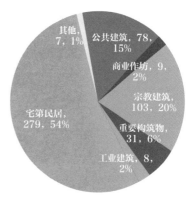

▲ 图5-5 历史建筑功能类型

（78处，占15.15%）、工业建筑（8处，占1.55%）、商业作坊（9处，占1.75%）、重要构筑物（31处，占6.02%）、其他（7处，占1.36%）。历史建筑的使用功能类型以宅第民居为主，对其生活与生产性基础功能的提升成为关键，其次为军事历史遗存等构筑物及公共服务建筑，可适当转换改变其使用功能。

《文物保护法》中明确规定，文物保护"必须遵守不改变文物原状的原则"。与文物保护单位不同，历史建筑的保护与发展则是根据历史建筑使用功能的原生性与延续性原则，依据功能类型及使用需求提出介入方式及对应策略，对应规划措施可分为功能不作改变和功能可作改变两种介入方式。其中：

（1）功能不作改变的对象

对于现状保存较好、功能相对完善的宅第民居、戏台祠堂、牌坊与堡门寨墙或作为行政办公、科研院所、教育机构等形式较为独立的公共历史建筑，其延续现状使用功能可以满足建筑保护要求并且能够与地区发展相适宜的，应维持其现有使用功能。

（2）功能可作改变的对象

对于现状保存状况较差、环境设施急需改善、不能满足居住功能的宅第民居、店铺作坊，建筑质量存在一定破损，功能随时代发展已发生转变，同时现状使用人群没有能力也无法实现保护，从区位条件及地区发展上仍需延续现状使用功能的历史建筑，如仍具较好历史价值的工业遗址、机构旧址、公共服务建筑及其他建筑，可以通过产权转换、改变使用人群来提升建筑使用的功能和环境品质，实现持续保护的目标。

对于文化价值较高、需要进行大规模修缮或在地区整体开发过程中遗留下来的单独布局的历史建筑，可以在政府出资回收修缮后作为行政办公场所、社区公共用房、纪念馆、展示馆等公共服务设施及展示设施。

对于城区现状使用功能无法与其优越的地理区位相匹配的历史建筑，在满足相关保护及修缮要求的基础上，可以通过商业运作的方式配置品牌专卖店、主题餐馆、咖啡酒吧、会所、宾馆酒店及旅游纪念品商店等特色商业设施。

对于搬迁后的大型厂房，在不改变历史风貌的同时，结合地区发展，可以通过商业运作的方式植入体育健身、文化演艺、艺术设计、特色画廊及手工艺品作坊等文化创意产业功能或相关的大型主题卖场。

4. 分区保护发展利用策略

张家口市历史建筑的保护与发展在分类型发展既点状发展的基础上，需要在更大的范围和更高的视角整体发展。因此，应在张家口市域内的历史发展脉络及文化区域的基础上，结合历史建筑保留及保存情况分区域发展利用。

（1）保护与发展利用理念

① "风貌统和—整体协同" 的保护发展利用理念

"风貌统和—整体协同" 强调与升华该区域历史文化的连续性，在分级保护及分类型发展的基础上，探寻历史建筑在区域文化氛围中与传统历史街区、文物保护单位风貌相统和与整体协同。

从调研情况看，张家口市域内文化特质明显，历史建筑保护情况相对较好的区域有三个。一是，以蔚县历史文化名城为主要文化内涵的蔚县古村、古堡文化片区，明代以来修边固防和屯军，使蔚县建设了大量易于防御的居住城堡，形成了相对完备的城市防御体系，由此产生的历史建筑在形制、类型、功能等方面的特殊性，承载的蔚县历史文化，给区域文化发展带来了整体发展的机遇。二是，以宣化古城为基础的宣化历史文化片区，依托宣化古城内的文物保护单位、历史文化街区及其他历史文化遗存，结合以工业遗存为主的历史建筑保护发展，延伸了宣化区历史文化的深度及广度，构建宣化古城历史文化整体保护利用体系。三是，桥西区结合两处国家级文物保护单位形成的街区的发展，实现以 "张家口堡"、"大境门" 为主题的 "风貌统和—整体协同" 保护发展的历史建筑保护发展策略。

② "散点突出—连带串珠" 的保护发展利用理念

"散点突出—连带串珠" 主要针对历史建筑分布相对分散的区域，结合历史建筑文化特征并依托京张文化带、桑干河—洋河文化带、长城文化带等历史文化轴带的发展，将历史建筑进行串联。在凸显历史建筑自身文化个性的同时，依附所属文化主题片区或轴带，创新发展。以环境整治、基础设施改善与生活生产功能改造为主，采取适应性的保护发展方式。

③混合保护发展利用理念

市域内一些重要的文化节点可以采用"整体协同—风貌统和"、"散点突出—连带串珠"两者结合的形式保护与发展，有利于其文化的整体传承与发展。

（2）国内典型案例借鉴

①江西景德镇宇宙瓷厂：功能置换提升，活化利用工业遗产

1958年，景德镇第一家机械化生产的新型陶瓷企业宇宙瓷厂正式成立，引领全国日用陶

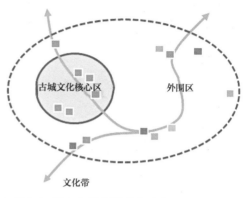

▲ 图5-6　混合发展利用理念示意

瓷行业迈向工业化。20世纪80年代，作为出口瓷的主要生产厂家，宇宙瓷厂出口创汇成绩瞩目，被外商称作"中国景德镇皇家瓷厂"。进入20世纪90年代后，景德镇瓷器经历了改革的"阵痛"，整个行业陷入困境。以宇宙瓷厂为代表的"十大瓷厂"也相继关停，逐渐走向衰败和没落，曾经喧嚣热闹的厂区渐渐荒寂。对于宇宙瓷厂历史建筑的改造，采用"修旧如旧、创新如新"的原则，用古老的圆窑、20世纪60年代的煤烧隧道窑和90年代的汽烧隧道窑，串联起展览的参观路线，显现出不同时期的陶瓷工业成就，构成博物馆。在建筑外墙砌筑和环境铺装

▲ 图5-7　博物馆内景（《建筑学报》2018年05期）

▲ 图5-8　建筑外立面改造
（《建筑学报》2018年05期）

▲ 图5-9　修缮前后的农林上路14号

中，使用老建筑撤换下来的砖瓦，保证了材料的循环再利用。对于六十年来一直处于废弃状态的苏联援建时期未完工的原料漏斗，过程中通过增加电梯、空间分层的做法，将之变为独具特色的休闲空间。通过大量保护与发展、传承与创新的建设工作，建成了今天的"陶溪川"。

②广州市农林上路14号民居：创新产业导入，原真性保护

广州市农林上路14号体现了民国时期西方花园城市理念对广州的影响，也是岭南建筑演变的生动标本。在历史建筑修缮技术服务的引导下，通过轻微修缮的方式简化审批程序，实现业主—租客—政府的三赢局面，目前成为集办公、展览、媒体发布等多功能复合的创意空间，获得经济和社会效益的双赢。

③南宁市历史建筑分级区域保护与发展实践：成片保护，分区活化展示

区域层面的文化主题分区：基于区域历史文化发展影响，形成以清代古建筑群集中分布片区为主题的古城文化片区；以佛教、道教、伊斯兰教、天主教和基督教多宗教融合为主题的宗教文化片区；以反映红色记忆和现代建筑风貌的特色风情文化片区。

片区层面的文化主题细分：老城怀旧主题、时代印记主题、传统风貌主题、特色风情主题及红色记忆主题。

（3）历史建筑活化路径与利用模式

为加强对历史建筑的活化利用与展示，结合张家口市域特有的"四带六片"文化分区，形成适应于市域历史建筑共建共享的四大活化利用模式。

①成片保护利用模式

依附历史文化名城和街区，历史建筑作为展现价值和特色构成的基本单元，价值不仅仅体现在建筑本体所表现出的历史、艺术及科学等方面，同时也体现在其所承载的名城风貌、非物质文化及可移动遗产等方面。因此，历史建筑的整体成片保护则更加注重其群体价值及

其在名城风貌保护中的重要地位，既包括了对其自身结构体系、外部风貌及内部装饰装修等的保护，又包括了对其周边历史树木、开敞空间、标识标志、围墙及铺地等历史环境要素的保护；既包括了对与其相关的历史事件、名人事迹等非物质文化信息，以及与之相关的历史器物及生产工具、产品等可移动遗产的保护，又包括了对其历史功能的延续、周边历史风貌的再现等。

②创新产业导入模式

历史建筑的保护应最大限度地发挥其经济社会价值和使用功能，采取多元化的利用方式，营造适应于现代生活的、可持续的使用空间，以承载现代创新产业的导入和培育。例如，由民间资本介入将历史建筑租下，对建筑核心价值要素进行妥善保护，重新布局现代化的水电设施，融入张家口现代民俗文化风味元素，引入特色民宿、文化艺术、会议商务等新产业。同时，历史建筑应与周边环境相协调。

③盘活工业遗产模式

通过保护性再利用原有的工业机器、生产设备、厂房建筑等，形成能够吸引现代人们了解工业文明，同时具有独特的观光、休闲功能的新的文化旅游方式。修复工业厂房、仓库、商铺和其他历史遗存，再现工业文明的传统风貌，形成地域文化、工业景观与现代功能交相辉映的文化景观。

④原真性保护型模式

历史建筑由于自身所处区位、保存状况、环境设施、使用功能等诸多因素的差异，大部分并不满足大规模保护修缮、重点改造利用的条件，此类建筑利用价值较低，但具有一定的历史性价值。因而，日常保养性质的持续修缮和利用是延续历史建筑价值的最佳途径，或可以通过产权转换、改变使用人群来提升建筑使用的功能和环境品质，实现持续保护的目标。

（4）张家口市域历史建筑保护与发展探索

①蔚县历史建筑分级区域保护与发展探索：成片保护利用，创新产业导入

以蔚县古城和历史文化街区为重点，形成蔚县古城历史文化展示核心区，并依托其特色资源，形成古城文化遗产集聚区、民俗文化遗产集聚区和小五台佛教文化遗产集聚区，以及飞狐径古驿道文化遗产聚集带和沿壶流河远古文化聚集带，历史文化遗产保护体系及层次清晰。大部分历史建筑集中分布于古城核心区与主题集聚区周边，对其的保护与发展利用亦应借势于核心片区的开发和利用，实现整体成片保护与发展，注重其堡城一体的保护价值及其在名城风貌中的统和协调、历史功能的延续，并在满足基本使用功能的同时，适当植入适应现代生活与旅游发展的创新产业。

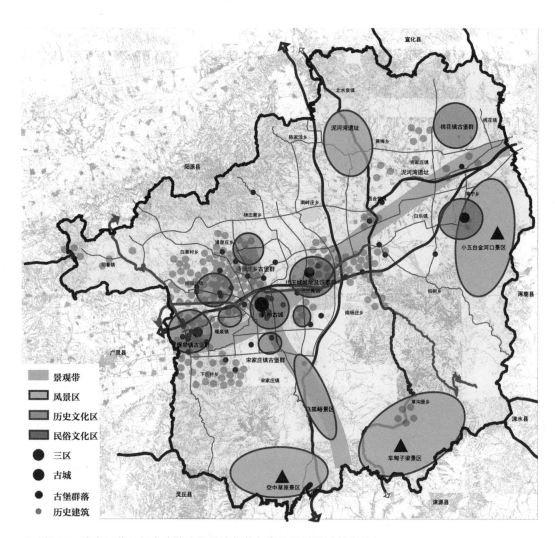

▲ 图5-10　张家口蔚县历史建筑分级区域保护与发展规划图（编者绘）

　　②宣化区历史建筑分级区域保护与发展探索：成片保护利用，盘活工业遗产

　　宣化古城作为北部边疆长城沿线军事重镇，其长城防御体系的构建、古城的选址、布局及内部的建筑遗存，集中地体现了长城沿线边疆城市营建、工业文明发展与政治军事相交叉融合的文化特征，发展至今亦是京张铁路文化带与桑干河—洋河文化带上的重要节点。而宣化区历史建筑亦主要集中分布于古城片区，附属了地方传统的民俗文化、饮食文化、庙宇文化、戏曲文化、异域文化等细节。古城片区将牌楼西街及庙底两条历史文化街区，打造形成文化展示轴和文化商业轴，对历史建筑的修缮保护与街区整体风貌相协调，并赋予展示地方民俗与特色的使用功能，多元活化利用。与此同时，宣化区老工业区具有典型的计划经济时代特征，是中华人民共和国成立后河北老工业发展历史的见证和缩影。

▲ 图5-11 张家口宣化区历史建筑分级区域保护与发展规划图（编者绘）

宣钢、造纸厂曾经在全国都具有重要影响，许多建筑、设备、工艺流程都具有重要的文化保护价值和再开发、再利用前景，应适当结合发展新兴服务业加以开发利用。

③桥西区历史建筑分级区域保护与发展探索：成片保护利用，原真性保护

张家口堡为张家口市区的"原点"与"根"，地处张库古道文化带、古长城文化发展带及京张铁路文化带交汇点，是全国大中城市中保存最为完整的明清建筑城堡之一，堪称北方民居博物馆。此外，大境门自古作为扼守京都的北大门，连接边塞与内地的交通要道，沟通内地与边塞贸易。该区域蕴含多元的文化价值，包括军事堡城价值、边贸金融价值、民俗文化价值、异域风情建筑艺术价值、多宗教文化价值及红色文化价值等。片区内历史建筑主要集中分布于堡子里历史文化街区及周边，对其的保护发展利用应结合街区的整体功能定位与布局，动态保护与活化，建筑风貌应与周边环境相统和协调，最大限度地留存作为反映北方民居及市井生活场景的原真性，并提升建筑使用的功能和环境品质。

5.3.2 历史建筑保护与发展的政策机制策略

1. 政府"能动性"机制的建立

张家口历史建筑及风貌区的保护工作已经开展，需要在充分研究和借鉴相关经验的同时，

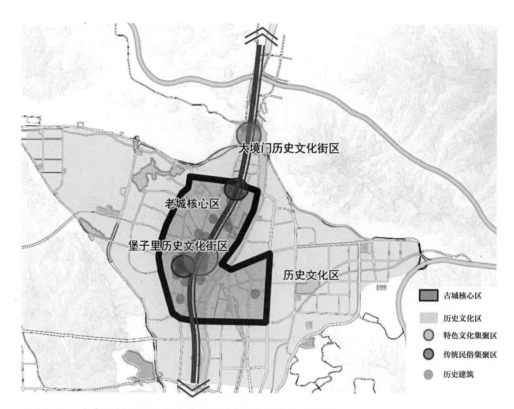

▲ 图5-12　张家口桥西区历史建筑分级区域保护与发展规划图

总结适合自身发展的方式方法。为了更好地推进张家口市历史建筑保护与发展利用工作，应充分发挥政府的能动性作用，具体内容包括如下几个方面：

①逐步完善法律法规及相关技术文件，以适应当前保护观念的发展。

②对历史建筑进行深入研究，出台针对性政策，为历史建筑保护与改造创造有利条件；例如，可在历史地段外提供条件较好的住房，采取货币补偿、自愿搬迁的人口疏散政策。尊重原有居民的居住权，原则上不强迫居民搬迁。

③建立历史建筑全面评估体系，评价历史建筑的经济效益不能简单套用商业投入产出比的原则，而应注重历史街区的品牌、文化和社会意义所带来的间接利益。

④逐步建立政府引导、市场化运作的项目运作机制。

⑤建立历史建筑保护与改造的全程监督机制和评价体系，应对历史建筑保护与改造项目的全过程进行监督，尤其对保护实施的情况、施工过程、经营管理等诸方面监管。保证历史建筑按照保护要求得到保护。

⑥大力宣传保护思想，给予资金和技术帮助对民间保护力量给予指导和鼓励，以起到协调、统筹、发挥社会各方积极性的效用，适应本市历史建筑保护格局的变化。

2. 对专项资金管理机制的统一管理

为了便于保护与发展资金的统一管理，应当设立专门的机构。该机构主要负责申请保护资金，筹措来自政府、企事业、社会和个人的资金，在保护工程实施中实行专款专用。

5.3.3 历史建筑保护与发展的投融资策略

张家口历史建筑保护工作需要探索多元化、多途径、市场化的投入机制，制定具体的鼓励措施，吸引民间资本投入到保护工作中来。一些吸引民间资本投入的激励政策，如税收减免、资金补助、容积率转移和建立周转资金等措施可以借鉴。

5.3.4 历史建筑保护与发展的管理制度策略

1. 建立完善的管理体系

历史建筑保护管理制度是对有关法律法规以及经济性政策的落实执行，同时通过健全的管理制度能及时反馈历史建筑保护的信息，提供给政府主管部门以便对历史建筑保护的相关法律法规以及各项政策进行调整。

历史建筑保护管理制度大体可以分成以下三个方面：

①日常的监管是指历史建筑的日常使用应对照历史建筑的要求。需要加强主管部门对历史建筑具体的日常监管。应从历史建筑的物业管理角度来看日常监管，建立历史建筑物业管理制度。

②定期对历史建筑进行体检，保证对历史建筑保护的动态监测。

③保护修缮的审批：历史建筑的修缮需要报审有关政府职能部门审批，产权人若要出租历史建筑也需要填写租赁告知承诺书。

2. 明确管理实施主体

应以政府为主导开展公众参与的保护活动，由市级相关部门制定保护要求、实施程序、相关法规和技术标准，并进行监督管理。鼓励各级政府、企业、使用者和社会团体等多方力量，积极参与到历史建筑保护工作中。

（1）政府统一管理利用

参考广州、杭州、青海等地的保护实践经验，对于历史建筑综合价值较高、急需进行保护修缮利用的，为防止其在生活生产功能的变化中进一步被破坏，应由政府出资对其进行管理并修缮保护。

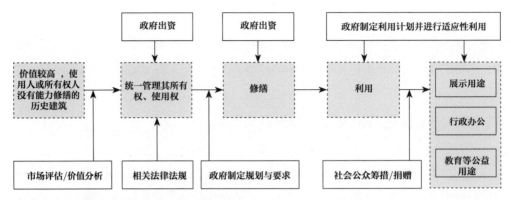

▲ 图5-13　政府统一管理利用的实施运作流程建议

（2）政府主导社会资本运作

政府主导社会资本进行历史建筑的保护有多种形式。一种是政府出资组建独立的法人公司，按照批复的保护规划及实施计划，批量收购、策划、腾迁和整修，并对修缮后的历史建筑进行出售、租赁和组织经营等。另一种是在满足政府制定的修缮标准和利用要求的前提下，利用税收、资金补贴和容积率转移等相应的扶持政策，通过直接转让产权的方式引入企业进行收购、策划、腾迁、整修和利用，并适当导入创新的产业和文化。还可以按照政府制定的修缮标准、程序，由所有者出资、政府按照一定比例进行补贴或接受社会资助等方式进行修缮保护，提升建筑使用的功能和环境品质。

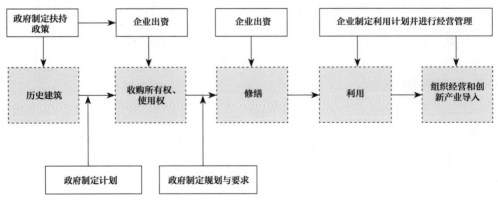

▲ 图5-14　政府主导社会资本运作的实施流程建议

3. 完善地方保护人才建设，培训制度

重视培养及储备历史建筑保护工作的专业人才，完善相关培训制度。为历史建筑保护工作管理机构配备专职人员，理顺人员编制，支持基层引进、培养相关专业人才和管理人才，尤其是紧缺人才，如具有文物保护和古建筑修缮技能的人才等，给予相应的就业优惠政策。

4. 提高历史建筑保护的公众参与性

加强历史建筑保护的公众参与度，首先要提升公众对历史建筑保护的意识。个体作为公众参与这一因素的基本单位，其参与关注和保护历史建筑的意识与行动力是公众参与这一环节的基础动力。调动公众参与的主观能动性，必须认识到其对设计者和政府决策者的必要性和重要性，将公众参与作为设计过程中必要的程序，从而调动公众参与的积极性。

同时，提升社会团体在历史建筑保护中的作用。社会保护团体的基本活动方式是招收志愿者和会员、宣传协会思想和宗旨、筹募资金、组织定期的会员活动、鼓励个人保护行为和进行相关培训等。通过社会团体活动促进与影响历史建筑保护工作的开展。再次，社会个体的历史文化保护意识的强化，是影响其参与历史遗产保护的重要因素。

5. 提升社会参与程度，建立历史建筑巡查制度

秉持公共治理理念，有效整合各种资源，并创新多种方式。宣传保护的典型案例和成功经验，开展对基层管理人员（街道、镇、社区、村）的专项业务培训，构建起政府引导、业主主体、专家参谋、媒体与市民监督的历史建筑保护社会参与机制。推动志愿者巡查项目，组织定期巡查并报告情况，引导公众加入历史建筑保护的工作中。

6. 建立历史建筑保护监测制度

建立历史建筑保护的专项监测和社会监督制度，鼓励和推动社会力量共同参与监督历史建筑的保护，使得监督监测工作常态化、制度化、系统化，逐步构架起市、区（县级市）、街（镇）、村（居委会）多层级的历史建筑保护监管网络，搭建市文化广电新闻出版局与市各大主流媒体共同参与的公共平台，提供市民举报热线电话，通畅信息互动渠道，建立信息通报机制，加强对历史建筑保护的宣传。

5.4
———
历史建筑保护与发展工作体系

对张家口历史建筑的保护利用工作，需形成历史建筑全流程保护利用体系，有效确保历史建筑普查—认定—规划—修缮—监管全流程的有效实施。工作体系包括以下三个阶段：

1. 历史建筑的普查认定

按照"应保尽保、能保则保"的原则，建立健全历史建筑普查及认定标准体系及工作程序，实行边普查、边保护、边认定，避免历史建筑遭到破坏，完善平台资源平台建设。

2. 历史建筑规划设计与保护修缮

建议成立市、区、县各级历史建筑保护专家委员会，设立由规划、建筑、文化、历史、土地、社会、经济和法律等领域专家组成的专家库，负责有关咨询、规划、保护修缮等工作。通过新技术、新手段、新材料的引入，形成历史建筑规划设计、保护修缮建设的地方标准和技术规程。

3. 建立历史建筑保护与发展的监督管理体系

建立多部门联动的历史建筑保护发展监督管理体系，建立完善合理的历史建筑保护修缮工作程序和工作机制，建立完善的奖惩机制，促进历史建筑保护工作有效进行。

5.4.1 历史建筑的普查认定工作

1. 历史建筑认定流程及预保护机制

（1）进一步加强历史建筑普查工作，分批次、分步骤推进历史建筑认定

加强各区县历史建筑保护与认定工作的宣传和培训，提高相关部门人员对历史建筑的认识及保护意识，增加提升日常工作中发现历史建筑的概率，并在认定历史建筑中，积极征求地方专家的意见。同时，各区县定期开展推荐历史建筑上报工作，分批次、分步骤进行历史建筑认定及挂牌工作，最终实现历史建筑挂牌工作全覆盖。

（2）建议建立普查前置制度、预保护机制

参考广州市历史建筑保护的经验，建议，对普查中发现并经论证具有保护价值的建（构）筑物、村镇确定为预保护对象。对经专家评审认为应当予以保护的，由相关部门会同文物部门实施预先保护制度，保护期限为12个月，期间该遗产线索不得损坏或拆除，并完成保护名录的申报工作，实现"先保护，后认定"，最大限度地保护潜在的文化遗产线索。

（3）在历史建筑普查工作过程中创新公众参与模式

我国现有的历史建筑保护机制以国家为主、个人为辅，以国家制定制度和分级管理制度为核心，通过划定保护区域及各自制定保护计划的措施进行。随着保护实践工作中面临大量普查工作的需求，需要进一步优化现有的普查制度和创新公众参与模式，以有效调动民众的参与积极性。

2. 房屋征收评估及精细化管理机制

（1）建立征而不拆制度

为了控制城市规划建设对历史建筑的误拆，建议在房屋征收前均要全面核实地块内的历史建筑的普查情况，对于普查结论超过5年的，还需要进行补充调查，未完成普查或者调查的，不得开展征收工作。

（2）建成保护对象体系，实现精细化管理

逐步建立"城镇村"、"点线面"结合的保护对象体系。为提高历史建筑精细化管理水平，对优秀历史建筑可进行"一幢一册"建档工作。

3. 建立历史建筑多元化档案

目前张家口历史建筑初步形成纸质档案、数字化档案等形式。未来与新技术、新方法结合，建立数字化管理和应用信息平台、三维模型激光扫描信息库等，并加强历史建筑信息平台在日常规划管理中的应用。为历史建筑的日后保护规划编制、房屋修缮、抢救迁移、活化利用、日常巡查等多个环节提供基础的档案信息。

（1）纸质档案——历史建筑保护名单

①基本信息：历史建筑编号、名称、地址、层数、风格、建造年代、历史功能、现状功能、结构类型、历史风貌。

②记录方法：历史信息、现状情况、推荐理由价值判断等。

（2）数字化档案——张家口市文化遗产数字化管理和应用的主要信息管理平台

①档案构成要素：数据标准制定、数据库建立、管理平台构建、软硬件支撑和协调保障

机制。

②数据子系统：野外采集子系统、文化遗产信息管理系统、文化遗产移动系统、公众服务子系统、运维管理子系统。

③数据开放应用：管理部门、责任保护人、公众。

（3）制定《张家口市历史建筑测绘流程和数据技术标准》

建议出台和完善历史建筑测绘建档标准，制定《张家口市历史建筑测绘流程和数据技术标准》，围绕历史建筑测绘的相关术语、三维点云原始数据、历史建筑测绘图绘制标准、测绘成果质量检查与验收、标准修订等内容进行界定和规范。

（4）历史建筑的三维激光扫描采集和测绘图绘制成果

加强新技术在历史建筑档案建立工作中的应用，可以积极推进三维激光扫描和数码摄影的数据采集和测绘图绘制。

（5）计划建立数字基础档案库，探索测绘数据利用方式

历史建筑数字档案包含位置、名称、门牌等基本属性信息，以及测绘图、照片等二维数据、三维测绘数据成果，实现档案系统的快速调用和动态维护。

4. 开展历史建筑挂牌工作

对历史建筑标志牌的规格、选材、纸板、加工、安装等进行明确规定，对认定的历史建筑进行挂牌。最终实现历史建筑挂牌工作全覆盖。

增设详细信息网络查询链接功能，实现"虚拟—实物"相结合的保护信息展示。加强互联网+运用，通过VR、全景地图、3D影像、APP等现代化技术手段，多元化展示宣传历史建筑。

5.4.2 规划设计、修缮保护工作

1. 建立历史建筑保护专家库

为更好推进保护工作的科学开展，建议组织历史建筑保护专家委员会，设立由规划、建筑、文化、历史、土地、社会、经济和法律等领域专家组成的专家库，负责有关咨询、规划、保护修缮等工作。为历史地段内的建（构）筑物的新建、扩建、改建活动，以及历史建筑、传统风貌建筑的日常保养维护、修缮等活动，提供包括咨询服务申请、咨询服务意见、立案申请、咨询服务阶段的技术和材料审查等服务。

2. 建立与完善保护技术体系

①区域历史建筑保护规划：分区域对历史建筑编制保护规划，作为历史建筑整体保护管理的技术依据。

②历史建筑维护修缮利用技术指引：建议编制历史建筑维护修缮利用规划指引，进一步加强历史建筑的保护，指引相关部门及人员正确修缮、合理利用。

③历史建筑修缮技术图则：结合历史建筑特点，制定历史建筑修缮技术图则，完善形成历史建筑修缮标准。明确修缮具体要求，实现微观层面的技术引导；制定历史建筑修缮工程计价指引，明确施工流程、施工工艺与修缮技术，提出部分新技术融合的改善措施和做法，有效指导历史建筑修缮设计与施工水平，提高历史建筑修缮的品质化和修缮管理的精细化。

5.4.3　监督监测管理工作

1. 健全完善法规政策体系

健全完善张家口市历史文化名城、历史文化名镇名村和历史建筑相关保护条例与办法，明确保护规定及职责部门，实现对其系统化、精准化的保护利用管理。对历史建筑进一步赋予法律身份，明确各级政府、产权人、使用人对保护保留建筑的责权。

2. 明确保护修缮主体

历史建筑保护修缮主体包括政府主导修缮、私人保护利用和政府主导，多方参与的模式。

①政府主导修缮：是由政府出资对公有产权历史建筑进行修缮，对于历史建筑的物质形态、社会形态上的保护维护具有较好的效果，并用于社会公益性活动空间面向大众使用。

②私人保护利用（包括市场主导）：保护责任人在历史建筑修缮技术服务的引导下，对历史建筑进行日常维护、轻微修缮和非轻微修缮，实现历史建筑的保护维护和活化利用，具有灵活性、针对性，资金在筹集与运作中的中间环节比较少，改造成本低。

③政府主导，多方参与：政府运用市场经济手段对历史建筑及周边地区的历史文化资源进行有机组合，结合政府管理，有效地对历史建筑群进行成片保护利用。政府在市场自身运转的过程中对大方向方针进行指导，平衡利益关系，保证建筑本身的价值得以彰显，在实现经济价值的同时，满足人们的需求，促进建筑健康的生存发展。

3. 明确保护修缮内容

参考《广州市历史建筑维护修缮利用规划指引（试行）》，可将张家口历史建筑的修缮内容划分以下三个部分。

①日常保养维护内容

日常养护防止房屋老化、恶化，及时化解历史建筑使用过程中出现的问题，保证其使用功能，维护其架构安全，延长寿命，最大限度地保护历史建筑价值。其中内容包括：维护建筑清洁卫生，如清扫瓦顶、屋顶，清除庭院污物、清洁室内外构件等；防渗防潮，如对屋顶的清洗、除草、补漏，杜绝屋顶渗水现象。修筑、疏通渠道，检补泛水和散水，保持排水通畅；临时修补工程，如填塞架构空洞、裂缝以及减少风雨、生物、灰尘的侵蚀污染；维护防灾设施，如防火、消防设备等。

②轻微修缮

轻微修缮的内容包括，屋顶：置换、修整屋顶、屋面瓦片；整修漏水部位；木构件替换、女儿墙整理等；外立面：外墙粉刷，墙面墙体修补、清洗、打磨，栏杆维护等；内墙：粉刷、贴砖、非承重墙拆除、加隔断、内墙装饰等；楼地面：局部地砖更换、铺设地板、楼板修补等；门窗：整体、局部更换；窗框粉刷、玻璃更换等；楼体：加固、粉刷、局部修整、栏杆修整等；水电：加设水电、修改水电等。

③非轻微修缮内容

非轻微修缮的内容涉及建筑结构、价值要素、外立面的修缮或改动。具体分为以下六个步骤：第一步为申请，保护责任人向房管部门或规划部门相关部门提出"历史建筑修缮申请"；第二步为编制修缮设计方案，保护责任人委托相应资质的设计单位按历史建筑保护的相关要求编制修缮设计方案；第三步为方案审批，保护责任人将修缮设计方案报房管部门或规划部门审批；第四步为申请施工审批，保护责任人将方案报建设部门审批；第五步为修缮施工，其施工阶段包括现场展示历史建筑的保护价值等信息和真实修缮效果图、严格按照修缮规划方案和施工方案进行施工、做好修缮工程记录、接受街道办事处和城管部门的管理和巡查等工作；第六步为验收，修缮工程竣工后，向规划、建设相关部门申请验收。

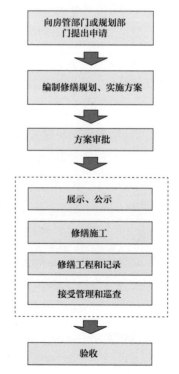

▲ 图5-15 修缮管理程序（依据《广州市历史建筑维护修缮利用规划指引（试行）》）

4. 创新审批机制，形成保护利用合力

探索历史建筑的土地管理、规划审批及消防等机制创新，探索功能变更、建筑面积增加、土地管理协调、规划依据审批、产权归属认定、腾迁置换等机制。提出适应保护利用的消防安全要求，鼓励历史建筑多功能使用。适度有条件开放历史建筑产权转移，引导社会资金投入保护性置换和更新利用，促进保护管理良性循环。

5. 历史建筑保护利用奖惩机制

市、县人民政府对维护、修缮或者保护与利用优秀历史建筑成绩显著的；为了保护的需要，主动腾退历史建筑的；对损坏历史建筑的行为进行劝阻、制止、举报或者投诉有功的；在历史建筑保护工作中，认真履行职责、有突出贡献的单位和个人；应当给予表彰和奖励。

Chapter 6
第6章

各区县征求
意见情况

《张家口市域历史建筑普查及保护发展研究报告》项目于2018年9月29日在张家口市规划局进行了汇报验收。为切实推进历史建筑普查及保护工作，提高此次历史建筑普查及保护工作的可实施性，推进各区县历史建筑保护及发展工作。同时，为系统厘清各区县对历史建筑认定和推荐工作的实际需求，开展了向各区、县征求项目成果意见的工作。征求意见的工作以《张家口市域历史建筑普查各区县征求意见表》的形式于2018年10月开始连同各区县的《历史建筑普查汇总表》《历史建筑推荐表》陆续发放至各区县相关部门。

《张家口市域历史建筑普查各区县征求意见表》是针对各区县对目前建议推荐为历史建筑的对象是否有异议，以及目前未列入推荐历史建筑的个别对象是否应考虑列入的意向进行统计。《张家口市域历史建筑普查各区县征求意见表》形式如下：

张家口市域历史建筑普查各区县征求意见表

对于张家口_____区（县）历史建筑普查结果做出如下调整：

1. 历史建筑调整如下：

（1）增补历史建筑_____处，请将增补历史建筑信息填入下表。

编号	区县	镇	村	所在位置（门牌号）	建筑名称	建筑类型	评分	建筑评级	是否三普	备注
1										
2										
3										
4										
5										
6										
7										
8										
9										
10										

（2）删除历史建筑_____处，请将删除历史建筑信息填入下表，并在备注栏内说明原因。

编号	区、县	镇	村	所在位置（门牌号）	建筑名称	建筑类型	评分	建筑评级	是否三普	备注
1										
2										
3										
4										
5										

2. 第一批推荐历史建筑调整如下：

（1）增补推荐历史建筑_____处，请将增补历史建筑信息填入下表。

编号	区、县	镇	村	所在位置（门牌号）	建筑名称	建筑类型	评分	建筑评级	是否三普	备注
1										
2										
3										
4										
5										

（2）删除推荐历史建筑_____处，请将删除历史建筑信息填入下表，并在备注栏内说明原因。

编号	区、县	镇	村	所在位置（门牌号）	建筑名称	建筑类型	评分	建筑评级	是否三普	备注
1										
2										
3										
4										
5										

注：1）表格请根据历史建筑调整数量自行加减行数

2）最终表格需相关部门盖章

_____区（县）_____局

签字

截至目前，根据反馈意见，在原有调研普查成果的基础上，增加第一批推荐历史建筑6处，删除第一批推荐历史建筑25处，调整的主要原因如下：

首先，各区县校核了普查建筑中已属第三次全国文物普查登记在册的文物建筑，对此类建筑进行调整。其次，增加了各区县已经开展或者准备开展保护发展工作的历史建筑补充第一批推荐历史建筑名单。再次，对目前列入推荐历史建筑名单时机尚未成熟的建筑进行调整，但将作为张家口第二批推荐历史建筑的主要备选建筑。

附件一 《历史文化街区划定和历史建筑确定工作方案》

各省、自治区住房城乡建设厅，直辖市规划委（规划国土局、规划局），北京农村工作委员会：

为贯彻落实《中共中央国务院关于进一步加强城市规划建设管理工作的若干意见》（中发〔2016〕6号）提出的"用五年左右时间，完成所有城市历史文化街区划定和历史建筑确定工作"要求，我部制定了《历史文化街区划定和历史建筑确定工作方案》，现印发给你们，请认真落实。

中华人民共和国住房和城乡建设部办公厅

2016年7月18日

为贯彻落实《中共中央国务院关于进一步加强城市规划建设管理工作的若干意见》关于"用五年左右时间，完成所有城市历史文化街区划定和历史建筑确定工作"的要求，我部决定对全国设市城市和公布为历史文化名城的县开展历史文化街区划定和历史建筑确定工作，按照"五年计划三年完成"的总体安排，制定本方案。

一、充分认识历史文化街区划定和历史建筑确定工作的重要性

历史文化街区是我国历史文化名城保护的核心内容，是历史文化遗产保护体系的重要组成部分，是历史传承的重要载体；历史建筑承载着不可再生的历史信息和宝贵的文化资源，具有重要的历史价值。开展历史文化街区划定和历史建筑确定，对于加强历史文化街区和历史建筑保护、延续城市文脉、提高新型城镇化质量、推动我国历史文化名城保护具有重要意义。

二、工作目标

核查所有设市城市和公布为历史文化名城的县中符合条件的历史文化街区和历史建筑基本情况和保护情况，公布历史文化街区和历史建筑名单。划定、确定工作为期5年。前3年基

本完成目标任务，其中，第一年完成总体工作的比例不低于30％，第二年不低于60％，第三年不低于90％；后2年对划定的历史文化街区和确定的历史建筑保护情况进行检查，补充发现符合条件但未公布的历史文化街区和历史建筑。到2020年末，全面完成历史文化街区划定和历史建筑确定工作。

三、工作思路

（一）各方参与，分工协作。住房城乡建设部城乡规划司统筹负责全国的划定、确定工作，稽查办公室负责督导；各省级住房城乡建设（规划）主管部门负责本地区划定、确定工作的组织协调，制定本地区历史建筑认定标准，校核、汇总数据并上报；各市、县城乡规划主管部门会同有关部门负责具体划定、确定工作。

（二）提高认识，抓紧落实。省级住房城乡建设（规划）主管部门要明确具体工作组织和行动计划，有效推进工作开展，按照本工作方案，按期完成本地区划定、确定工作。

（三）公众参与，加强监督。省、市、县住房城乡建设（规划）主管部门要做好宣传工作，普及历史文化街区和历史建筑的概念，提高公众保护意识；建立公众参与监督机制，鼓励公民、法人和其他组织采用电话、书信、电子邮件等形式推荐符合条件的历史文化街区和历史建筑，举报破坏历史文化街区、历史建筑行为。

四、进度安排

（一）现状统计阶段（2016年7～8月）

省级住房城乡建设（规划）主管部门组织对本地区历史文化街区、历史建筑现状情况进行统计，完成数据汇总和校核，填写城市历史文化街区现状统计表、城市历史建筑现状统计表，并附每处历史文化街区和每栋历史建筑的照片1～3张。现状统计情况于2016年8月31日前上报我部。

（二）划定、确定阶段（2016年9月～2018年12月）

全面开展普查工作，对符合条件的历史文化街区进行划定，对符合标准的历史建筑进行确定、挂牌。省级住房城乡建设（规划）主管部门对本地区每年新划定和确定的信息进行汇总、校核，填写城市新划定历史文化街区上报表、城市新确定历史建筑上报表，并附每处历史文化街区和每栋历史建筑的照片1～3张。每年新划定、确定情况要在当年年底前上报我部。

（三）督导检查阶段（2019年1月～2020年12月）

2019年底前，各地建立起历史文化街区划定和历史建筑确定的长效机制。

我部将实地进行督导检查，定期通报划定、确定工作进展情况。

五、加强监督考核

省级住房城乡建设（规划）主管部门要加强对市、县城乡建设（规划）主管部门的指导和监督。我部对各省（区、市）工作开展情况进行督导检查。

请各省级住房城乡建设（规划）主管部门明确1名处级工作人员作为常设联系人，并于2016年7月22日前将名单报我部。

联 系 人：周朦朦

联系电话：010-58933769/58933042

邮　　箱：2244137311@qq.com

附件二 《住房城乡建设部办公厅关于进一步加强历史文化街区划定和历史建筑确定工作的通知》建办规函〔2016〕681号

各省、自治区住房城乡建设厅、直辖市规划委（规划国土委、规划局），新疆生产建设兵团建设局：

为了贯彻落实中央城市工作会议部署和《住房城乡建设部办公厅关于印发〈历史文化街区划定和历史建筑确定工作方案〉的通知》（建办规函〔2016〕681号）有关要求，保障按时完成历史文化街区划定和历史建筑确定任务，现就进一步做好相关工作通知如下。

一、全面完成普查工作

各地要在前段工作基础上，全面开展现场普查和田野调查，对历史文化街区、历史建筑的潜在对象进行摸底。各省（区、市）住房城乡建设（规划）主管部门应于2017年8月底前完成普查工作，并将普查报告于2017年9月20日前报我部城乡规划司。普查报告内容应包括总体普查情况、分市县的详细普查情况、分市县的历史文化街区和历史建筑潜在对象摸底名单。

二、规范划定和确定工作

在普查工作的基础上，参照《历史文化街区划定标准（参考）》（附录1）、《历史建筑确定标准（参考）》（附录2），及时划定符合标准的历史文化街区、确定符合标准的历史建筑。历史文化街区须经省（区、市）人民政府核定公布，历史建筑须经城市（县）人民政府确定公布。今年确保完成工作比例不低于60%。

三、规范上报工作

对2017年3月按照《住房城乡建设部办公厅关于请报送违法建设治理及历史文化街区划定和历史建筑确定工作情况的通知》（建办规函〔2017〕129号）要求上报的截至2016年底的历史文化街区和历史建筑，各省（区、市）住房城乡建设（规划）主管部门要分别填写设市城市历史文化街区和历史建筑现状统计表，并于2017年5月底前报我部城乡规划司；在每月15日前，按照建办规函〔2017〕129号文件要求报送历史文化街区划定和历史建筑确定工作进展情况时，要按照建办规函〔2016〕681号文件要求填报新划定的历史文化街区、新确定的历史建筑情况，同时上报历史文化街区和历史建筑潜在对象普查进展情况。

四、工作要求

（一）各省（区、市）住房城乡建设（规划）主管部门要成立专人专职的专项工作组，具体负责本地区历史文化街区划定和历史建筑确定工作。

（二）我部委托中国城市规划设计研究院负责全国历史文化街区划定和历史建筑确定的技术保障等工作。各地要加强技术力量组织，充分发挥对本地区历史文化街区和历史建筑有研究积累的大专院校和科研院所等机构的作用，加快工作进度，提高工作质量。

（三）各省（区、市）住房城乡建设（规划）主管部门要对本地区各市县历史文化街区划定和历史建筑确定工作的进度与质量进行监督考核，每年年中及年末将本省（区、市）历史文化街区划定和历史建筑确定工作总结报我部城乡规划司。

我部将组织对重点地区历史文化街区划定和历史建筑确定工作的进展情况进行检查。对各地工作进展情况进行排名公布，对检查结果进行通报。

五、联系人及联系方式

（一）住房城乡建设部城乡规划司

周朦朦、张帆

联系电话：010-58933042（兼传真）

邮　　箱：1575056972@qq.com

（二）中国城市规划设计研究院

李陶

联系电话：010-58322536

陈双辰

联系电话：010-58322521

邮　　箱：wunianhuading@163.com

附录：1. 历史文化街区划定标准（参考）

　　　2. 历史建筑确定标准

中华人民共和国住房和城乡建设部办公厅

2017年4月17日

附录1：历史文化街区划定标准（参考）

一、规模及真实性

历史文化街区核心保护范围面积不小于1公顷，传统格局基本完整，且构成街区格局和风貌的历史街巷和历史环境要素是历史存留的原物。

历史文化街区核心保护范围内的文物保护单位、登记不可移动文物、历史建筑、传统风貌建筑的总用地面积占核心保护范围内建筑总用地面积的比例不小于60%。

二、价值及特色

应具备以下条件之一：

1. 街区在其所在城市的形成和发展过程中起到重要作用。

2. 街区与重要历史名人和重大历史事件密切相关。

3. 街区的空间格局、肌理、风貌等体现了传统文化思想（礼制、风水、宗教等）、民族特色、地域特征或时代风格。

4. 街区保留丰富的非物质文化遗产和优秀传统文化及其场所。

5. 街区保持传统生活延续性，记录了一定时期社区居民的记忆和情感。

附录2：历史建筑确定标准（参考）

具备下列条件之一，未公布为文物保护单位，也未登记为不可移动文物的建筑物、构筑物等，经城市、县人民政府确定公布，可以确定为历史建筑：

一、具有突出的历史文化价值

1. 与重要历史事件、历史名人相关联；

2. 在城市发展与建设史上具有代表性；

3. 在某一行业发展史上具有代表性；

4. 具有纪念、教育等历史文化意义。

二、具有较高的建筑艺术价值

1. 反映一定时期的建筑设计风格，具有典型性；

2. 建筑样式与细部等具有一定的艺术特色和价值；

3. 反映所在地域或民族的建筑艺术特点；

4. 在城市或乡村一定地域内具有标志性或象征性，具有群体心理认同感；

5. 著名建筑师的代表作品。

三、体现一定的科学技术价值

1. 建筑材料、结构、施工技术反映当时的建筑工程技术和科技水平；

2. 建筑形体组合或空间布局在一定时期具有先进性。

四、具有其他价值特色的建筑

附件三 《河北省历史建筑确定和保护技术规定（暂行）》

各市（含定州、辛集市）城乡规划局、住房和城乡建设局（建设局）：

为进一步规范历史建筑确定行为，加强历史建筑保护，我厅对《河北省历史建筑认定和修缮保护技术规定（试行）》（冀建规〔2012〕310号）进行了修订。现将修订后的《河北省历史建筑确定和保护技术规定（暂行）》印发给你们，并提出以下要求，请一并落实执行。

一、请各市深入开展本地历史建筑的普查工作，收集整理相关资料。已确定为历史建筑的，由所在市、县人民政府公布，公布后要及时挂牌，并建立历史建筑档案。协调有关部门，加大历史建筑保护资金支持力度，按照有关要求做好历史建筑维护和修缮工作。

二、请各市按照住房城乡建设部《关于启用历史文化街区和历史建筑信息平台的函》要求，及时将公布后的历史建筑录入"历史文化街区和历史建筑数据信息平台"（信息平台网址：www.caupd.com）。

附录：河北省历史建筑确定和保护技术规定（暂行）

河北省住房和城乡建设厅

2017年12月26日

附录：河北省历史建筑确定和保护技术规定（暂行）

1 总则

1.1 为继承和弘扬优秀历史文化，加强历史建筑保护，规范历史建筑修缮行为，根据《中华人民共和国城乡规划法》、《中华人民共和国义物保护法》和《历史文化名城名镇名村保护条例》、《河北省历史文化名城名镇名村保护办法》等有关要求，结合本省实际，制定本规定。

1.2 本省行政区域内历史建筑的确定和保护，适用本规定。

1.3 本规定所称历史建筑，是指经市、县人民政府确定公布的具有一定保护价值，能够反映历史风貌、地方和民族特色，未公布为文物保护单位，也未登记为不可移动文物的建（构）筑物。

1.4　历史建筑主要包括宅第民居、戏台祠堂、学堂书院、寺观塔幢、店铺作坊、堡门寨墙、牌坊影壁、桥涵码头、堤坝渠堰等；重要历史事件和重要机构旧址；文化教育、医疗卫生、金融、军事、宗教、工业遗存等建（构）筑物。

1.5　历史建筑修缮包括建（构）筑物本体的维修及其保护范围内的环境整治。

1.6　历史建筑修缮应本着尊重历史、保存原貌、保留真实性的原则，满足使用、安全和设施完善要求，注重提高修缮质量，合理控制造价。

1.7　历史建筑的安全鉴定、修缮施工、安全防护等应按国家和我省的有关规定执行。

1.8　历史建筑修缮应当依法履行项目建设程序。

1.9　城乡规划（建设）主管部门负责历史建筑确定和保护工作，并应按照有关规定建立历史建筑档案。

2　历史建筑确定

2.1　历史建筑评估确定应当以历史文化、建筑艺术、科学技术价值为基本标准。

2.2　历史建筑应具备以下条件之一：

1.　具有突出历史文化价值。

1）著名人物的故居、旧居、纪念地以及和重大历史事件相关联。

2）在城市发展与建设史上具有代表性。

3）在某一行业发展史上具有代表性。

4）具有纪念、教育等历史文化意义。

2.　具有较高的建筑艺术价值。

1）反映一定时期的建筑设计风格，具有典型性。

2）建筑样式与细部具有一定的艺术特色和价值。

3）反映所在地域或民族的建筑艺术特点。

4）在城市或乡村一定地域内具有标志性或象征性，具有群体心理认同感。

5）著名建筑师的作品。

3.　能够体现一定的科学技术价值。

1）建筑材料、结构、施工技术反映当时的建筑工程技术和科技水平。

2）建筑形体组合或空间布局在一定时期具有先进性。

2.3　历史建筑确定工作主管部门，应当对所辖区范围内符合要求的建（构）筑物进行普查，做好资料收集、整理、统计、制档等工作，相关部门应予以配合。

2.4　建筑的所有权人、使用权人以及其他单位和个人，可以向主管部门推荐历史建筑。

2.5　申报历史建筑应当提供以下档案材料：

2.5.1 《历史建筑档案一览表》，主要内容包括历史建筑基本情况，包括历史建筑占地面积（含附属院落）、建筑面积、高度、建筑材料、价值特征、建设年代、使用权属、使用功能等。

2.5.2 历史建筑主要方向的外立面、室内结构和装饰图片资料。

2.5.3 历史建筑所在位置图，反映主要历史风貌的照片。

2.5.4 以上材料的电子文档。

2.6 历史建筑的确定应当按照以下列程序进行：

2.6.1 城市、县人民政府负责历史建筑确定的部门根据普查情况或者有关单位和个人的申请，提出历史建筑的初步名录。

2.6.2 历史建筑确定工作主管部门组织规划、文物、建筑、历史、档案等方面的专家，根据历史建筑确定标准，提出评估意见，拟定历史建筑建议名录，报请当地人民政府批准。

2.7 历史建筑由城市、县人民政府公布，并设立保护标志。标志牌样式可参照本书附件六河北省历史建筑标志牌制作要求制作。

2.8 任何单位和个人不得擅自调整和撤销历史建筑，确需调整或者撤销的，应当由城市、县人民政府城乡规划（建设）主管部门会同同级文物主管部门，报省住房城乡规划主管部门和省文物主管部门批准。

3 历史建筑保护

3.1 城市、县人民政府应当组织编制历史建筑保护图则，并向社会公布，同时将保护和使用要求书面告知所有权人、使用人和物业管理单位。

3.2 历史建筑保护图则应当包括下列内容：

1. 历史建筑基本信息；

2. 历史建筑保护范围，并附有明确的地理坐标及相应的界址地形图；

3. 历史建筑保护利用原则和要求；

4. 使用功能和具体保护措施。

3.3 在历史建筑保护范围内，不得擅自进行新建、扩建建设活动。确需建造附属设施的，应当符合历史建筑保护图则要求。

3.4 建设工程选址，应当尽可能避开历史建筑；因特殊情况不能避开的，应当尽可能实施原址保护。

3.5 在历史建筑上设置招牌、景观照明、空调外机、遮雨（阳）篷等外部设施，应当符合历史建筑保护规划要求，与历史建筑的外部风貌协调。严禁在历史建筑上设置户外广告。

3.6 对历史建筑进行外部修缮装饰、添加设施及改变历史建筑的结构或使用性质的，应当经市、县人民政府城乡规划（建设）主管部门会同同级文物主管部门批准，并依照有关法律、法规的规定办理相关手续。

3.7　对历史建筑实施原址保护的，建设单位应当事先确定保护措施，报市、县人民政府城乡规划（建设）主管部门会同同级文物主管部门批准。

3.8　因公共利益需要进行建设活动，对历史建筑无法实施原址保护、必须迁移异地保护或者拆除的，应当由市、县人民政府城乡规划（建设）主管部门会同同级文物主管部门批准。

3.9　历史建筑主管部门应当根据历史建筑的现状和保护要求，组织编制年度修缮计划，开展保护整修。

3.10　在符合保护规划的前提下，鼓励合理利用历史建筑。支持利用历史建筑开展与保护要求相适应的文博创意、休闲旅游、开设展览馆和博物馆以及其他形式的特色经营活动。

3.11　鼓励和支持公民、法人和其他组织以多种形式投资参与历史建筑的保护修缮利用。

4　附则

4.1　未确定为历史建筑，但具有一定价值并体现传统特色的建筑保护可参照本规定执行。

4.2　本规定自2018年1月1日起施行。2012年5月14日印发的《河北省历史建筑认定和修缮保护技术规定（试行）》（冀建规〔2012〕310号）同时废止。

附件四 《关于开展历史文化街区划定和历史建筑确定工作的通知》

各市（含定州市）城乡规划局、住房城乡建设局：

为落实住房城乡建设部《关于历史文化街区划定和历史建筑确定工作方案的通知》（建办规函〔2016〕6号）要求，现就做好我省历史文化街区划定和历史建筑确定工作通知如下：

一、充分认识历史文化街区划定和历史建筑确定工作的重要性

历史文化街区是历史文化名城保护的核心内容，是历史传承的重要载体。历史建筑承载着不可再生的历史信息和宝贵的文化资源，具有重要的历史价值。中共中央、国务院《关于进一步加强城市规划建设管理工作的若干意见》要求"用五年左右时间，完成所有城市历史文化街区划定和历史建筑确定工作"。中共河北省委、河北省人民政府《关于进一步加强城市建设管理工作的实施意见》对此项工作提出明确要求。开展历史文化街区划定和历史建筑确定工作，对于加强我省历史文化名城、历史文化街区和历史建筑保护，延续城市文脉，推进新型城镇化具有重要意义。各地要高度重视，精心组织，扎实做好历史文化街区划定和历史建筑确定工作。

二、工作目标

核查所有设区市市区和公布为国家、省历史文化名城的县（市）中符合条件的历史文化街区和历史建筑基本情况和保护情况，公布历史文化街区和历史建筑名单。划定、确定工作为期5年，2016年8月底前，完成历史文化街区和历史建筑现状统计。2018年底前，基本完成历史文化街区划定和历史建筑确定工作。2019年至2020年，对划定的历史文化街区和确定的历史建筑保护情况进行检查，补充发现符合条件但未公布的历史文化街区和历史建筑，到2020年末，全面完成历史文化街区划定和历史建筑确定工作。

三、工作要求

（一）各方参与，分工协作。各市城乡规划（住房城乡建设）主管部门会同相关部门负责市区和历史文化名城保护范围内历史文化街区划定、历史建筑确定工作。

（二）提高认识，抓紧落实。各市城乡规划（住房城乡建设）主管部门会同相关部门明确具体工作组织和行动计划，有效推进工作开展，按期完成历史文化街区划定和历史建筑确定工作。

（三）广泛宣传，加强监督。各市城乡规划（住房城乡建设）主管部门要做好宣传工作，普及历史文化街区和历史建筑的概念和内涵，提高公众的保护意识。建立公众参与和监督机制，鼓励公民、法人和其他组织采用电话、书信、电子邮件等形式推荐符合条件的历史文化街区和历史建筑，举报破坏历史文化街区、历史建筑行为。

四、进度安排

（一）现状统计阶段（2016年8月）

各市城乡规划（住房城乡建设）主管部门组织对市区和名城保护范围内历史文化街区、历史建筑现状情况进行统计，填写历史文化街区现状统计表、历史建筑现状统计表，并附每处历史文化街区和每栋历史建筑的照片1～3张，由设区市进行数据汇总和校核后，于2016年8月26日前将现状统计情况报我厅城乡规划处。

（二）划定、确定阶段（2016年9月～2018年12月）

全面开展普查工作，按照《历史文化名城名镇名村保护条例》《河北省历史文化名城名镇名村保护办法》和《河北省历史建筑认定和修缮保护技术规定》等有关规定，对符合条件的历史文化街区进行划定，对符合标准的历史建筑进行确定，登记造册、归档管理，并依法挂牌保护。各市城乡规划（住房城乡建设）主管部门对本地区每年新划定和确定的信息进行汇总、校核，填写新划定历史文化街区统计表、新确定历史建筑统计表，并附每处历史文化街区和每栋历史建筑的照片1～3张，由设区市进行数据汇总和校核后，于每年12月20日前将当年新划定历史街区和确定的历史建筑情况报我厅城乡规划处。

（三）督导检查阶段（2019年1月～2020年12月）

2019年底前，全面建立起历史文化街区划定和历史建筑确定的长效机制。各市对有关县（市）历史文化街区划定和历史建筑确定工作进行督促、指导和检查，补充发现符合条件但未公布的历史文化街区和历史建筑。我厅将根据有关情况进行实地督导检查，定期通报工作进展情况，对工作开展积极、成效显著的予以通报表扬，对工作进展缓慢、逾期不报的予以通报批评。

请各市于2016年8月16日前，将负责此项工作联系人的姓名、单位、职务、联系方式报我厅城乡规划处。附件中有关统计表请在邮箱hbjstghcfw@163.com（密码：87903507）下载。

联 系 人：梁万

联系电话：0311-8780534487902722（传真）

邮　　箱：liangwanapple@163.com

河北省住房和城乡建设厅

2016年8月12日

附件五 河北省历史建筑标志牌制作要求

依据《河北省历史文化名城名镇名村保护办法》相关要求，为规范我省历史建筑标志的设立，现对历史建筑标志牌的形式、内容等要求明确如下。

一、设立机关

历史建筑所在的市、县人民政府。

二、形式

（一）规格。采用横匾式，自左至右书写，大小规格为：55cm×45cm或85cm×65cm，可根据历史建筑具体情况选择适宜的规格。

（二）材质。应使用坚固耐久材料。

（三）颜色。应庄重朴素，与字体的颜色有明显区别。

（四）样式。可以加边框装饰，但其式样应与标志牌及建筑周边环境相互协调。

（五）文字高度。可根据历史建筑具体情况选择适宜的文字高度。

三、内容

包括该历史建筑的名称、建设年代、建筑结构和样式、使用功能、历史价值和特色、历史沿革、公布机关与公布日期、树立标志机关与树立日期。

四、字体格式

除历史建筑名称的字体可用仿宋或楷书、隶书外，其余字体一律采用仿宋。标志牌（含需要另外设立的说明牌）上的文字应当符合国家通用语言文字的规范。根据历史建筑名称字数的多少，适当编排文字。

五、设立

标志牌可根据历史建筑的范围或建筑分布情况设立数处，并与建筑及其周边环境相协调，不得损坏建筑本体。

标志牌应采用悬挂、镶嵌的方式设立在历史建筑出入口，设置多处的应设立在其他明显易见的地点。

任何单位和个人不得擅自设置、移动、涂改或者损毁历史建筑的标志。

历史建筑标志牌示例

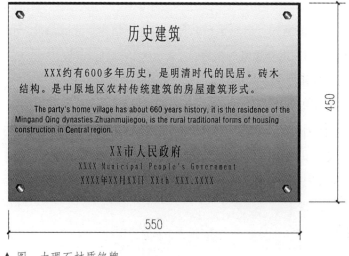

▲图 大理石材质铭牌

参考文献

[1] 杨申茂，张玉坤，张萍. 明长城宣府镇防御体系与军事聚落［Ｍ］. 中国建筑工业出版社，2018.

[2] 张立峰，刘建军，倪晶. 河北传统防御性聚落［Ｍ］. 中国建筑工业出版社，2018.

[3] 杨宇峤. 历史建筑场所的重生——论历史建筑"再利用"的场所重构［Ｍ］. 西北工业大学出版社，2015.

[4] 周卫. 历史建筑保护与再利用——新旧空间关联理论及模式研究［Ｍ］. 中国建筑工业出版社，2009.

[5] 王其钧. 中国民居三十讲［Ｍ］. 中国建筑工业出版社，2005.

[6] 阮仪三，中国历史文化名城保护规划［Ｍ］. 上海：同济大学出版社，1995.

[7] 罗德胤. 蔚县古堡［Ｍ］. 清华大学出版社，2007.

[8] 刘振英. 张家口历史文化丛书——兴盛的古商道［Ｍ］. 党建读物出版社，2006.

[9] 张曦旺. 张家口历史文化丛书——特色的古民居［Ｍ］. 党建读物出版社，2006.

[10] 张松. 历史城市保护学导论——文化遗产和历史环境保护的一种整体性方法［Ｍ］. 上海科学技术出版社，2001.

[11] 陆地. 建筑的生与死——历史性建筑再利用研究［Ｍ］. 南东南大学出版社，2004.

[12] 林源. 中国建筑遗产保护基础理论［Ｍ］. 中国建筑工业出版社，2012.

[13] 林徽因. 中国建筑常识［Ｍ］. 北京理工大学出版社，2017.

[14] 李芳. 塞外古城张家口［Ｍ］. 学苑出版社，2015.

[15] 刘致平著. 中国居住建筑简史［Ｍ］. 王其明增补. 中国建筑工业出版社，1990.

[16] 常青. 建筑遗产的生存策略——保护与利用设计试验［Ｍ］. 同济大学出版社，2003.

[17] 薛林平. 建筑遗产保护概论［Ｍ］. 中国建筑工业出版社，2013.

[18] 郑永康活着的古堡——游摄蔚县古城探究古堡文化［Ｍ］. 中国水利水电出版社，2018.

[19] 何平. 堡子里的记忆［Ｍ］. 华南理工大学出版，2018.

[20] 尚义县地方志编纂委员会. 尚义县志［Ｍ］. 方志出版社，1999.

[21] 沽源县地方志编纂委员会. 沽源县志［Ｍ］. 中国三峡出版社，2003.

[22] 丁世良，赵放. 中国地方志民俗资料汇编·华北卷·怀安县志［Ｍ］. 北京图书馆出版社，1989.

［23］魏震铭. 大连历史建筑的"活化"保护对策研究［J］. 中外企业家，2016，（1）.

［24］陈蔚，罗连杰，CHENWei, et al. 当代香港历史建筑"保育与活化"的经验与启示
［J］. 西部人居环境学刊，2015，（3）：38-43.

［25］赵彦，陆伟，齐昊聪. 基于规划实践的历史建筑再利用研究——以美国芝加哥为例
［J］. 城市发展研究，2013，20（2）：18-22.

［26］赵志勇，席鹏轩，李星. 基于综合价值分级的历史建筑保护策略研究——以咸阳市为
例［C］. 中国城市规划年会，2016.

［27］张弓，霍晓卫，张杰. 历史文化名镇名村保护中的建筑分类策略研究——以三亚崖
城历史文化名镇与山东朱家峪历史文化名村保护为例［J］. 南方建筑，2010，（3）：
70-74.

［28］何依，邓巍. 从管理走向治理——论城市历史街区保护与更新的政府职能［J］. 城市
规划，2014，（6）：99-106.

［29］王静伟，曹永康，吴俊. 上海市浦东新区登记历史建筑的分级保护策略研究［J］. 华
中建筑，2011，29（4）：130-132.

［30］刘忠刚，张腾龙，董志勇. 沈阳历史建筑保护规划与实施策略［J］. 规划师，2014，
（S1）：80-85.

［31］钟洪彬. 我国历史建筑保护制度研究［D］. 上海交通大学，2013.

［32］李霄鹤. 基于K-modes的福建传统村落景观类型及其保护策略［J］. 中国农业资源与
区划，2016，37（8）：142-149.

［33］邵甬，付娟娟. 以价值为基础的历史文化村镇综合评价研究［J］. 城市规划，2012，
36（2）：82-88.

［34］梁圣蓉，阚耀平. 非物质文化遗产的旅游价值评估模型［J］. 南通大学学报（社会科
学版），2011，27（6）：96-102.

［35］张轶欣. 张家口商业兴衰与近代城市空间的演变［J］. 河北北方学院学报，2008，
（4）.

［36］孙永生. 广州历史建筑和历史风貌区保护制度研究［J］. 建筑学报，2017，（08）：
105-107.

［37］张荣天，管晶. 非物质文化遗产旅游开发价值评价模型与实证分析——以皖南地区为
例［J］. 旅游研究，2016，8（3）：60-66.

［38］郑晓华，沈洁，马菀艺. 基于GIS平台的历史建筑价值综合评估体系的构建与应
用——以《南京三条营历史文化街区保护规划》为例［J］. 现代城市研究，2011，26

（4）：19-23.

[39] 张杰，胡建新，刘岩，张冰冰，李婷. 景德镇"陶溪川"工业遗产展示区博物馆、美术馆 [J]. 建筑学报，2018，06：20-25.

[40] 郑萍，费小坤，孙谦武. 汉市武昌区建国后（1949年—1978年）历史建筑评价标准初探 [J]. 华中建筑，2017，05：124-127.

[41] 杨志耕. 基于CVM的井冈山和三清山森林游憩资源价值评估与对比研究 [D]. 北京林业大学，2011.

[42] 王岳. 构建基于历史建筑保护的价值评价体系 [D]. 青岛理工大学，2011.

[43] 中华人民共和国文物保护法（2017年修正本）.

[44] 历史文化名城保护规划规范. GB50357-2005.

[45] 历史文化名城名镇名村保护条例. 国务院令第524号，2008.

[46] 杭州市历史建筑保护利用试点工作方案. 杭政办函〔2018〕46号.

[47] 杭州市人民政府关于印发杭州市历史文化街区和历史建筑保护条例实施细则的通知. 杭政函〔2014〕26号.

[48] 广州市历史文化名城保护办公室. 广州市历史建筑维护修缮利用规划指引（试行）.

[49] 河北省蔚县地方志编纂委员会. 蔚县档案史志局. 蔚县志.

[50] 张家口市人民政府. 张家口市城市总体规划（2017年-2035年）.

[51] 编制单位：华蓝设计（集团）有限公司. 南宁市历史建筑保护总体规划.